为 人 生 提 供 领 跑 世 界 的 力 量

BLACK SWAN

MY LAST CLASS
AT HARVARD

我在哈佛的最后一堂课

一位哈佛老教授，留给世人的礼物

（美）艾瑞克·赛诺威 梅里尔·麦道/著 马婧/译

北京联合出版公司

图书在版编目（CIP）数据

我在哈佛的最后一堂课 / (美) 赛诺威著；马婧译.
—北京：北京联合出版公司, 2013.4
ISBN 978-7-5502-1425-5

Ⅰ.①我… Ⅱ.①赛… ②马… Ⅲ.①成功心理－通俗读物 Ⅳ.①B848.4-49

中国版本图书馆CIP数据核字（2013）第060009号

北京市版权局著作权合同登记 图字：01-20130239

Howard's Gift: Uncommon Wisdom to Inspire Your Life's Work
By Eric Sinoway and Merrill Meadow
Copyright © 2012 by Eric Sinoway.
Published by arrangement with St. Martin's Press, LLC.
All rights reserved.

我在哈佛的最后一堂课

作　　者：(美) 艾瑞克•赛诺威
选题策划：李姗姗　曹江凤
责任编辑：张　萌
封面设计：红杉林文化
版式设计：红杉林文化
特约编辑：尹晓梦

北京联合出版公司出版
（北京市西城区德外大街83号楼9层　100088）
北京博艺印刷包装有限公司印刷　新华书店经销
字数：150千字　700毫米×980毫米　1/16　印张：15.5
2013年4月第1版　2013年7月第2次印刷
ISBN：978-7-5502-1425-5
定价：36.00元

未经许可，不得以任何方式复制或抄袭本书部分或全部内容
版权所有，侵权必究
本书若有质量问题，请与本公司图书销售中心联系调换。电话：010-82068999

目录

MY LAST CLASS AT HARVARD

第1章

毕生的职业规划

生活中我们都需要贵人。这些人也许是在我们面临挑战时帮我们理清头绪的人，也许是在生活出现变数时为我们指引方向的人，还可能是使我们终身受益的领路人。

当我们需要在职业和生活中做出重要抉择的时候，尤其是面对那些充满未知的抉择，需要我们赌一把时，谁不希望身边能有一个集智慧与经验于一身的人为我们指点迷津呢？

面对现实吧，我们过去这些年所经历的无以计数的变化证明，智慧之道有多么重要。

在我构思这本书时，股票市场还是一派欣欣向荣的景象，全世界都赚得盆满钵满，财富榜上的名字每天都会被刷新。经济衰退的日子似乎永远也不会来。老实说，在当时那种环境中，那些没有富起来的人——也就是我们，天天都在琢磨着是否能以一种不同的方式获取成功和财富。

人们普遍认为，拥有财富就意味着成功，而成功则意味着幸福快乐。我写这本书的初衷是想帮助人们在当时那种经济繁荣的环境中寻找这样的快乐。

然而，一夜之间，一切都被颠覆了。

我们所了解的那个金融世界瞬间崩溃了。曾经的美国经济龙头企业通用汽车公司宣布破产。华尔街的象征雷曼兄弟公司的瓦解威胁着全球的金融系统。你我这样过度依赖借贷生存的普通人，不知不觉地把按揭及房产市场推向了深渊。

作为社会群体，我们率先冲到了转折点。

什么是转折点？英特尔的创始人，前CEO，安迪·葛洛夫将其定义为一种彻头彻尾地颠覆常规的事件。转折点可不是小玩闹，这家伙简直能把我们从头到脚调一个过儿。

回想过去的这些年，我们也算是经历过几次转折点的人了。事实证明，我们完全无法预料经济和政治上发生的剧变会对我们之后的生活产生怎样的影响。

不久以前，高校的毕业生们还在打着效仿微软、谷歌、Facebook前辈们的小算盘，计划要在30岁前成为百万富翁。投资银行似乎就是“成为世界之王”的有力支柱。边玩边工作，成为人们喜闻乐见的日常工作方式。华盛顿的政客们对股票市场所保持的繁荣向上是那么信心十足，以至于他们打算把社保私有化，因为只要有工作就意味着你拥有一切保障。

但2007年至今的这场灾难给我们敲响了两记警钟：一是站得越高，摔得越狠；二是一切建立在虚无上的建筑都是浮云。

一时间，股票市场从上涨变成了保值。有工作的人们不再想着晋升和加薪，而是只要能保住工作就心满意足。有房的不再想着拿手头的房子挣笔外快，而是想尽办法避免房屋被抵押赎回。兴高采烈拿到学位的毕业生所面对的竟然是一个如此惨淡的就业市场。

财产没有受到影响的人过得也不踏实。谁知道这场灾难之后还有什么在等着我们呢？

无论谁身处这种特大挑战和改变之中，都会期望得到智者的指引。这个人要能帮助我们了解我们到底需要的是什么，成功对我们意味着什么，在势态混乱时如何将自己调整到最佳状态。

智者不论男女，不分长幼，内在修为也各不相同。人们在特定情形下认可的智者类型也不同。在有些人的心目中，智者应该是林肯或特蕾莎修女那样的，而有些人则更偏爱巴菲特或奥普拉。

我心目中的智者形象稍微有些复杂：他应该有着巴菲特的商业嗅觉；有《相约星期二》里米奇·阿尔博姆的莫里·施瓦茨教授那样温和的气度；还要像星球大战里的杰迪武士尤达大师那么幽默，同时又机智、果敢、经验丰富。

虽然出现在我现实生活中的这位智者长得是有那么一点儿像尤达大师，可真正令人心服口服的是他惊人的缜密逻辑思维能力和犀利的洞察力。他是一位真正的人生领路人、良师益友，他陪我走过了风风雨雨、重重险阻和大风大浪。他的名字就是霍华德·斯蒂文森。

霍华德集企业家、作家、慈善家于一身。40年来，他还是哈佛商学院备受尊敬的资深教授。他拥有惊人的商业眼光，敏锐的心理洞察力，充沛的精力和长远的眼光。他还对生活有独到的见解，而我并没有足够珍惜，直到我差点失去向他求教的机会。

霍华德就是那种在遇到重大决策时人人都想去征询其意见的人。他的智慧与经验拯救了千万个在生活中遇到转折点的人。

在霍华德40年的执教生涯中，他为无数哈佛的毕业生以及全球商业领袖传授了知识和经验。他桃李满天下，学生中不乏国家领导人，大型企业的CEO，还有用头脑改变世界的企业家。

霍华德的学生、朋友、知己数不胜数，其中包括不少世界级的商业领袖和大慈善家。比如巴西的亿万富翁、世界知名饮料企业百威啤酒的控股人豪尔赫·保罗·莱曼，美国生物技术产业的创始人之一威廉·鲍斯，瑞士医疗器械产业先锋人物兼大慈善家汉斯约格·魏斯，风险投资家之父皮彻·约翰逊，以及具有传奇色彩的、在英特尔与苹果的商业联姻中起推动作用的投资家阿瑟·罗克。

为什么像莱曼、鲍斯、魏斯、约翰逊和罗克这些已经在事业上登峰造极的商业大亨还要拜这位不凡的老者为师呢？和我一样，他们想要亲自与这位已步入花甲之年的哈佛商学院教授接触，听他讲述属于自己的领悟、智慧、温情以及生活哲理。

我希望这本书能让读者对我的良师益友霍华德·斯蒂文森有一个直观的认识。

＊＊＊

每本书的诞生都有一针催化剂，这也是支撑作者写完一本书的信念，“读者们应该知道这一切”。对有些作家来说，这种时刻宛若大地震荡或晴天霹雳，而对另一些作家来说，却更像是细水长流或娓娓道来；对我来说，这时刻像是我肚子上被谁揍了一拳，忍不住要难受一样。

那是个萧瑟的冬日，当时我站在位于马萨诸塞州剑桥城的哈佛商学院停车场，呆若木鸡地看着我的同事，听他说出我最不希望发生的事。我能听到他的声音，但是却无论如何也搞不清他的意思。“霍华德的心脏病犯了，情况很糟糕”。

66岁高龄的霍华德是哈佛商学院的传奇人物。作为一个代表性的领路人，他是创新企业领域的领导者；作为一个成功的商人，他的资产富可敌国。他还是一位在慈善顾问领域久负盛名的慈善家。他是一位杰出的商界领袖人物，同时也是一位知心的朋友和慷慨的领路人。

在哈佛商学院，霍华德被看作企业家之父。而对我来说，他就像是我的父亲一样。

与霍华德第一次见面时，我三十多岁，正处于“职业过渡期”，就读于哈佛大学的肯尼迪学院。他同意在我的独立研究项目上给我一些建议。在我们的第一次交谈中，我意外地发现我竟然同这位常春藤院校的学者产生了共鸣。他乱糟糟的头发、犀利的眼神、轻微的驼背，与他内在的聪慧、机智、顽皮、好学性格形成了强烈的反差。他独特的精气神儿让我佩服不已。

可现在——“医院已经给他做了心脏复苏，但他可能挺不过去了”。

尽管几周前刚检查过身体，这天午饭后霍华德却因为心脏骤停而倒在了校园里。这一天本是稀松平常的一天，直到霍华德的生命之钟卡了一下。

这个消息让我大惊失色，接下来几个小时都在打爆同事电话、在办公室和办公室之间来回奔波中度过，试图能得到关于霍华德的最新消息，哪怕只有一点点。几天后，霍华德的助理鲍比带来了好消息：他会好起来的。多亏上天眷顾，霍华德摔倒之后，马上有人拿来了移动除颤器。而离哈佛商学院两英里（约1.6千米）的地方恰好有家口碑不错的医院。在发生心脏骤停时，身边若无人看守，存活率几乎只有1%。试想一下，若不是有上天神助，霍华德很可能会长眠在哈佛商学院那片被精心修剪过的草坪上。

即使在他痊愈之后，每次想到霍华德仰面躺在地上，眼睛盯着天空，差点就去了那个被他称为“天堂高等商学院”的地方，我的胃就会拧成一团。我想到，在我们相处的时间里，我们互开玩笑，一起激烈辩论，一起分析研究，我却从没告诉过他，他对我来说究竟有多重要。我从没对他表达过感激之情，而他却帮助我从不同角度看待事物，让我在商场上勇于挑战自己的能力，他还改变了我的事业和生活。每次和他聊过天，我都如沐春风。我从没告诉过他，我是多么敬爱他。

当我去医院探望霍华德时，他已经恢复了精神。他恢复得相当不错，当我问到他在医院醒来，第一个念头是什么时，他给了我一个意想不到的却足以让我笑出声的回答。

“我首先想到的是‘完了，我摔倒时一定弄脏了那件我最爱的西装’，而当我看到医院里那些用来全力抢救我的设备仪器时，我庆幸去年没白给医院做那么多慈善活动。”

尽管还能耍贫嘴是好现象，但我还是想让他给我一个正面的回答，因此我追问道："当你躺在地上，想到可能会死在校园里时，你有没有想到什么让你感到后悔的事？"

"你是指我摔倒前吃的那块奶酪蛋糕吗？还是昨晚我纠结了半天，结果也没点的那瓶价格不菲的酒？"

"就没有更特别一点的回答吗？"我说，"比如，'如果可以，有60件事我愿意从头来过'或者'如果我能挺过这一关，我就把生活过得更颠覆一些'。"

他想了想，说："他们告诉我，在摔倒的一瞬间我是处于无意识状态的，这么说吧，我根本来不及对什么事感到遗憾。但我明白你的意思，我的回答是——没有。"

"从来都没有吗？"

"从未有过。"

"真的？"我问。

"艾瑞克，一个人只有生活不如意或者没有全心全意追逐梦想时才会感到后悔，"霍华德语气平和地道来，"我过上了我想要的生活，得到的甚至比我期望的更多。我拥有完美的妻子、和美的家庭，朋友圈又是那么广泛。另外，我想我也为这个星球上的生物与人做出了一些贡献。"

"这么说，当你离开人世时，你是开心满足的？"

"死亡是无法令人开心的，但我对我的一生感到满足，"他回答道，"人无完人，我们只是凡人，必须接受这一点。当我离开时，我不会为我做过或没做过的事感到后悔。"

不知为什么，我当时五味杂陈。在离开病房时，我觉得我比他的情况还要糟糕。他乐观、积极、风趣，而我则消沉、忧虑、迷茫。我不知道自己是怎么了。我没有直接回家，而是开车回到哈佛的校园里。我在暮色中徘徊，脑子里乱成一团。

第1章
毕生的职业规划

几年前我们第一次见面的时候，我就与霍华德交过手了，他教会我果敢地做出颠覆性的决策。他的方式简单直接，但又不失技巧。他眼光长远，温和友善。我毫无目的地在傍晚的校园里闲逛，意识到原来我在庆幸霍华德平安无事的同时，了解到他过着那种被他自己形容为“毫无悔恨”的生活，我被强烈地刺激到了。一个念头慢慢地从我脑海里浮现出来，展示在我面前，那就是——霍华德的经历让我意识到我对自己的生活有多不满。

过去三年里，我和霍华德每周都会在一起待上几个小时。在他的办公室里，在他家里，或者只是在校园里随便走走。就是这短短的几小时，使他从我的教授成为我的领路人，最终成为我的朋友。我们所聊内容的涉及面很广，虽然有些是无聊琐事，但大多还是严肃正经的。我们聊音乐、书籍和旅行，聊政治和经济，聊家庭和哲学，聊商业战略和职业拓展，聊教育与实践相对比的价值，聊一个人能改变世界的各种方式；我们聊如何追求成功，如何接受失败，如何制定目标，以及如何实现目标。

如果要把我们谈论过的所有内容汇成一句话，那会是——我们铺就了一条通向人生终极事业和美好生活的小路，沿着这条小路可以去追寻霍华德所谓的“毕生事业”。

“毕生事业”这个词我们听到过无数次。对我来说，这个词代表人在困难和险恶的环境下依旧能无私奉献，辛勤劳作。这让我想起在印度救助穷人和病人的特蕾莎修女，以及帮助重建海地的保罗·法默。或许还有那些挣扎在矛盾中的无名艺术家，以及那些期望能将虚幻想法变为现实的发明家。当霍华德说起人们“追寻他们毕生的事业”，他指的不仅是那些圣人和创造者。他指的是每一位在早晨醒来时都决心努力追寻梦想，使生活过得充满意义的人。他指的是会计师和工程师、教师和网页设计员、律师和社工、公司老板和非营利性组织的负责人。他指的是你我这样的就生活在我们周围的普通人。

霍华德用毕生事业来形容我们到底是谁：那是由我们创造的劳动、爱、希望，还有由我们的有形需要及渴望纠缠在一起的集合体。这些被称为“工作”“家庭”“余生”的词可以成为我们的小天地和避风港。

在我与霍华德的多次对话中，我的毕生事业在不知不觉中已然浸染了他无尽的智慧和明智的建议。在这个过程中，我甚至不需要刻意去学习和领悟。起初，我根本没意识到我到底学到了多少东西。在哈佛商学院，我遇见过很多聪明出色的人，但霍华德和他们不一样，他不仅仅聪明，而且充满了智慧。我终于理解了在我们每次谈话后，我的大脑都会亢奋得嗡嗡作响的原因，那是因为他传递给我的智慧像通过输液管一样流入了我的大脑。他是我见过的最与众不同的人。

开车回家的路上，我意识到我究竟在悔恨什么。霍华德逃过死神魔掌的那一刻，我的潜意识也由此被激活。霍华德一直在致力于研制为人们传播智慧的魔药，而我决定将他所传播的智慧整理成书，使得那些无法同他面对面的人也能受惠于他的智慧之言。

几天后我再次去探望霍华德，我告诉他我已经为他选好了下一步要做的事。“等你和这些管子、电线、针头打完了交道，我想和你合写一本书。实际上是由你来讲述，我来记录。这将会成为你的新书。”

“真的？”他笑呵呵地看着我。

我解释了我想写一本关于他的经验与理念的书，包括那些他亲身经历过的事，还有多年来基于他的学生的经历总结传授的理论。“我想把我们对话中的精彩段落提炼出来，这样就可以让其他人也学到过去这些年我从你这里学到的宝贵知识。”

霍华德想了想，说：“写书是好事，但我认为应该改变一下方式。我不想让你单纯地负责传授我的理念。我很愿意给大家讲讲大道理，但你得和我一起讲。”

“我能讲什么？”我问。

“我想让你加入进来，把你的经验也写进来。我可以成为你书的主角，但也不介意我出场的次数，这本书应该属于你。”

“为什么？”

“原因很多。”然后他开始一一列举他的理由，“首先，我的名字已经在畅销书封面上出现过太多次了。”他指的是包括200部书籍、学术研究，以及他发表过的文章在内的所有出版物。

“其次，把我的话印刷成字自然是好的，但我要知道你是不是真的懂我的意思，所以你要把我的话转化成你自己的语言。

“第三，在我们的对话中，我也不是总在说。我也在聆听你的发言，也在向你学习。你总是有那么多有趣事可以说。在哈佛我见过不少‘学霸’，但我知道以你的年龄就有此成就绝不是偶然。你跳离了传统的职业发展路线，老天可以证明你的人生经历多有创造力。我想你那非常规且富有启发性的经验是值得传授的。”

听到“非常规且富有启发性”这句话时，我忍不住笑了出来，用这句话来形容我的职业生涯真是太过于文艺了。的确，我的职业道路不是很常规。别人看我的简历也许会以为我有精神分裂的倾向：从康奈尔大学酒店管理专业毕业后我进入了酒店行业工作；随后在美国企业工作了几年；接着，我创建和推广了一种全国性质的社区教育计划；做了几个特许经营；到哈佛读完研究生做了筹款人；现在则成立了一家合资发展公司，与世界领先品牌和创新企业有着良好合作关系。

“还有，你是天生的企业家，像我一样。”他说，“我们都懂得如何在我们掌控的范围之外寻找机会。我们都不喜欢重蹈覆辙，都喜欢从经验中获取知识并运用到工作中去，以此带来更新、更好、更高效、更有趣的改变。”

“我就像是你的克隆版本吗？”我打趣道。

“这个说法不错，尤其是能重新拥有一个年轻充满活力的身体，”他一边大笑一边说，“艾瑞克，我的确十分精通我所做的事，并且还能帮人在成功的道路上取得捷径。用商业术语来说，我是个特许产品，但我并不完善。”

“但你是个万事通，而我只是个万事糊。”我说。

他微笑着说：“真正的聪明人所拥有的不只是智慧。最重要的是交谈和倾听，就由你来写这本书吧，万事糊先生。”

虽然他不能完全说服我，但我决定还是不要和一个刚刚病愈的人争论。“这就对了，”他说，“要是你完成得不错，我或许会多买几本送给我的孩子和外孙们，还有一部分学生。”

* * *

记得15岁的时候，有一次我和好友在地下室打乒乓球，随着小球蹦跳着来来回回，我们之间进行了一次关于成功的对话，这对话对于成长在新泽西郊区的两个孩子来说是多么深奥。

维克拉姆住在街角，我们在上幼儿园时就认识了。周末打乒乓球成了我们固定的娱乐活动。在那个平常的星期六下午，在他为赛点发球时，他突然问我，等我长大了，会不会担心自己是否成功。

对于一个15岁的孩子，这个问题太怪了，但维克拉姆一向显得比同龄人成熟。他早熟的举止和思想似乎是与生俱来的。他的父母是印度第一代移民，他天资聪颖，用现在的眼光来看，他完全就是一个企业家的苗子。他热爱发明创造，在科学比赛中总是名列前茅，总是能给大人们留下深刻的印象。就在这个普通的下午，他甚至开始规划他未来的职业走向了。

“成功与否对我而言并不重要，”我回答道，“顺其自然吧。我在意的是成功对我来说是不是意味着快乐。”

维克拉姆沉思了片刻，点了点头，然后大力发球，小球擦过了我的球拍。他笑了，说："如果做一个糟糕的乒乓球手让你感到快乐，那你必然此生无憾。"

回想起这段谈话，原来早在15岁我就已经得出了"成功不等于快乐"这个结论，这也是霍华德对学生、同事、友人反复强调过的。而我也见识和经历过无数次。

我的事业总能让我接触到一些精英人士，比如大学教授、校长、主席，世界500强的CEO们，从事不同行业的企业家，还有著名音乐制作人和百老汇戏剧名家。他们过人的天赋令我惊奇。4年来，作为哈佛的筹款人，我到过世界上很多个国家，认识了许多久负盛名的慈善家。在我的商场生涯中，我曾与世界顶尖企业的执行官们共事过，从成功的酒店行业先驱，到先进技术产业的富豪，再到体育豪门的老板。现在，我是一家公司的总裁，而我的客户则是世界上最成功的一群人。

我所接触的成功人士有些人活得既成功又快乐，但还是有相当一部分人即便到达了事业的顶峰也依旧没有成就感。这些人如果有像霍华德那样面对死神的机会，大概无法做到无悔无恨。

我曾不止一次发现，无论从事什么行业，来自哪个国家，抛开我们自己的生活定位、职业野心、商业背景、银行账户、个人能力不说，我们都在为同一个目标而奋斗：那就是在事业上有所作为，并获得人生幸福感。在这一点上霍华德比别人做得都出色，接下来我就要分享一些他的成功秘诀。

这本书旨在帮你最大化地获取人生幸福感。如果在工作中你不开心，那么你将很难实现人生的意义。

鉴于霍华德是一名备受尊崇的商学院教授，你可能会认为这本书满是商业理论。实际上这本书充满了关于生活的箴言，就把这本书当成丰富你生活的人生理论吧。我将霍华德的智慧和经验进行了提炼，总结了一系列关于获取人生幸福感的策略。让我们行动起来，去实现我们的目标，也就是我们所说的“毕生事业的规划”。

在形容人生目标时，我故意没有用成功，而是用了幸福感这个词。一般情况下，成功总是和经济财富、教育水平、社会地位联系在一起的。关于成功的标准总是被设定得太复杂，幸福感则超越了金钱、威望或其他什么的限制。每个人对幸福感都有不同标准的定义，这可能与工资、职位、学术谱系相关，而个人幸福感的程度则是由你自己决定的。

需要说明的是，本书并不是那种智囊红宝书。因为每个人对幸福感的定位不同，所以也就不存在什么统一的智囊红宝书。有时候我们甚至都搞不清幸福感到底意味着什么。

当追求人生理想时，我们要面对的第一个障碍是，我们想当然地认为适用于我们身边的人，包括我们的合伙人、朋友、家人以及各种典型和楷模的成功秘诀也适合我们。正是这种理想主义与现实的脱节，导致了我们往往出师不利，工作低能低产，出现中年职业危机，等等，这些负面影响也波及我们的个人生活。

这本书的目的不在于带你走捷径，而是要给你建立一个清晰的框架。学会思考自己的职业前途，比制定周密的行动计划更重要。

这个框架建立在霍华德四十年来的研究与教学经验上，他教导过的学生层次之丰富可以涉及你所能想象到的所有企业领袖，从创业者到财团巨鳄，从学者到非政府组织的创办者，等等。

霍华德曾对我说：“我之所以喜欢教授企业学科，是因为我可以听到源源不断的关于企业、产品与合作的新点子、新计划。每个点子都各不相同，但是时间久了你就会发现它们之中的固定模式，在创始人富含积极理念的点子背后都有着由相似元素组成的计划框架。”

几十年来，他通过对不同企业的接触所总结出的这个框架，适用于各行各业为实现个人职业目标而努力的读者。霍华德的理论将帮助你寻找到属于你自己的成功，你也可以将其作为“思想的工具”来搭建你所追求的理想事业和生活。

人生规划的过程应该是贯穿我们的生命始终的。这本书是写给不同年龄和处于不同阶段的人们的，可以是正在读大二、考虑去哪家公司实习才能对将来的事业发展有所帮助的大学生，可以是20几岁正在考虑是否接受提拔的工薪族，可以是35岁正在犹豫是去读MBA学位还是学弹钢琴的财务经理，也可以是55岁面临选择退休还是另起炉灶的中年人。

这本书的受益者会是谁呢？是那些聪明勤奋肯干的人；是那些渴望主动为自己选择职业生涯走向，而不是被动地等待天上掉馅饼的人；是那些追寻企业家梦想，实现他们对生活和事业期望的人。这本书是为那些在回顾一生时，能像霍华德一样毫无悔恨的人所准备的。

这本书里所提到的问题不是空谈，每个问题的答案都绝不简单。如果你不理解，那我就直说吧，这本书不是那种一夜速成的职场成功学。霍华德曾讽刺说：“如果你想获得这样的启发，不如直接去读耶鲁大学的经济学教授写的书。”

生活是复杂的，时常还会出现艰难险阻，人生之路变幻无常又充满不确定性。最大限度地投入你的激情与热情，带着你的计划书在充满商机的世界里经历一场冒险，难道不是一件激动人心的事吗？实际上，你已经开始这种探险旅程了，因为你正在做着关于你毕生事业的规划。

* * *

在您开始阅读前，请再听我啰唆几句。

这本书是基于过去6年来我与霍华德几百个小时的谈话内容而写成的。大多数对话的时间发生在霍华德与死神擦肩而过之前，地点则遍及校园小路、霍华德的家或办公室，还有餐厅。另外还有一些在我们探讨写这本书的主旨时的对话，以录音采访的形式记录了下来。霍华德与我所分享的所有理念和智慧加起来足够我写上几本书了。这本书里读者所读到的都是经过筛选、完善、整理、润色后的内容。我们希望能让读者以最有效的方式汲取霍华德的智慧精髓。

这本书不是以时间顺序写的，而是以一种发散你的思维，让你思想火花不断的方式排列的，希望这种独特的思维方式的养成可以推动你毕生事业的不断发展。

除了要与您分享我所推崇的霍华德的智慧之外，我采访了一些在我写这本书时认识的杰出人物。你会在阅读的过程中发现，我对采访对象的名字做了些改动，修改了一些细节，整合了几个相似的经历，为的是不让书中所出现的负面因素影响到当事人的生活。

说了这么多，大概您也知道了这本书的每一章都经过了霍华德精心审阅、斟酌和修改。另外，书中所出现的真实案例也得到了当事人的认可与授权。

嘉宾故事：柯克·波斯曼特

柯克·波斯曼特是我的长期合作伙伴、导师、老朋友，我们在20世纪90年代初就已经认识了，当时他任职某酒店的执行总监，而我只是他手下一名毕业于康奈尔大学酒店管理专业的年轻实习生，精力充沛但缺乏实践经验。不承想，我们在这个行业里竟然摸爬滚打了二十余年，也没想到之后我们的私人关系会这么好，甚至可以精准地预测到对方的直觉、想法和反应。这么多年过去了，我们彼此心照不宣。我告诉人们，柯克·波斯曼特就像是一个比我年长、比我个高、比我脱发厉害的大哥，而他则说，他比我的妻子还要了解我，当然他没有当着我妻子的面说这句话。

起初我告诉柯克·波斯曼特我要写本书时，他只是点点头，笑了笑，用一种“不错，加油啊”的态度回应我。他把这当作是我的又一爱好，没有太当真。实话说，他完全有理由不太当真。我的文笔虽不错，但之前从未有过写作经验，而成为一个作家也不在我的职业规划和生活目标的清单内。不过，接下来的几周，我滔滔不绝地谈论着这本书，终于使得柯克·波斯曼特明白，霍华德的心脏病突发事件是我生活中的转折点。他看到我为这本书所付出的努力后，开始对本书的进程产生浓厚的兴趣。

虽然他没有明说，但我能感受得到他的观望态度。所以当我把写好的几章给他看时，我也不能确定他会有什么反应。

起初，他仅仅迅速地浏览，便迫不及待地开始在上面添加意见。随着他阅读的深入，他阅读和批注的速度明显变慢了。继续读了几页后，他深思了一会儿，然后说：“我要把这拿回家，晚上仔细读一读。我们明天再交流意见好吗？”

由于商务繁忙，我们经常身处不同城市，于是我和柯克养成了早上按时通电话的习惯，即使我们当天要见面也会严格遵守这个习惯。于是第二天早上六点半，我在厨房接起电话听到他直截了当地说：“老实跟你讲，起初我担心过你在写作上会耗费太多精力。你忙完了公司的活，还要出差见客户，然后再挤出时间写书。”

“这本书对我来说很重要。”我说。

“这我知道。不过我也担心过这本书会虎头蛇尾，白白耽误你的时间和精力。”他说道，“但现在我不这样想了。看起来你和这位超凡的霍华德先生持有与众不同的观点，而这些观点还可以影响我们其他人。这种感觉一定很神奇。”

听到柯克这么说，我才意识到我一直忙于写作，却还没来得及阅读成品。这可真是“一叶障目”啊。不过他的意见让我欣喜地发现，我至少用霍华德的智慧和领悟影响到了一个人，并且在他们之间间接地搭建起了交流的桥梁，而这个人还是我的老友兼事业伙伴，这让我感到十分振奋。柯克·波斯曼特能够理解我的想法，也有他自身的原因。

为什么？善于建立良好人际关系的特点似乎原本就存在柯克的DNA中，这是他从他父亲那里得到的遗传。他的妻子形容他为“人见人爱的阿甘”，他拥有一种天生能与社会各界人士打成一片的能力，从家门口意大利餐厅的侍者到商务界和娱乐圈的大腕都被他所俘获。柯克记得每一位和他打过交道、在生活中与他产生过交集的人，他拥有将点头之交转变为紧密联系的能力。有效管理人脉资源就是他的人生哲学核心。如果可以，他会把可口可乐的广告变为现实，他会给每个人买上一听可乐，让人们彼此相识、相知，最后一起唱着欢乐颂尽显和谐景象。其实，我们共同创建的这所公司——艾克塞斯国际商贸公司就建立在他的理念之上，即“全面发展人际关系”。艾克塞斯国际商贸公司致力于为高端人群和品牌服务，通过商业协作为商业个体之间寻求商业发展的机会。

除此之外，作为一个在生活中比别人早一步发现真理并获得人生幸福感的幸运儿，他还发明了一个追求成功和幸福感的公式。我管这个公式叫“柯克理念式”——一个融合超凡创意、公关能力和商机敏锐性为一体的公式。他热衷于帮助人们发现自身的优势，从而获得成功。我很高兴能听到他的赞扬：“这本书里除了你和霍华德的亲密友谊让人印象深刻之外，最重要的是它出现得太是时候了。在人们寻找生命中灵感的火花时——一本为他们的事业之路指点迷津的书出现了。现在正是经济是否能够恢复正常的关键点，每一个怀揣梦想的人都可以问自己一个问题：‘我们现在准备好出发去追求梦想了吗？’”

MY LAST CLASS AT HARVARD

第2章 外力的反转

转折点总是以各种各样的形式出现：有利的、不利的、简单的、困难的、明显的、微小的。你要么积极抓住机会利用它帮你实现价值，要么就放弃机会任命运摆布，无论你将以何种方式回应，你的态度都是至关重要的。

在我开始在哈佛工作后的一天，我和霍华德沿着查尔斯河畔散步。那是在早春四月，虽然依旧还有些微寒，但是已不见晨间的霜雾，树木也在慢慢地吐露嫩芽。这天气就像是悬在针尖上等待某一时刻降临，好一下子挣脱冬天的束缚进入春天。

我喜欢这种“散步式会议”，自从我毕业留校工作后，我们一直坚守着这习惯。有时我们会聊些商务话题，而更多时候我们是没有主题的。我们经常想到什么就聊什么，从心理学聊到哲学再聊到企业管理学。这成了我们每天必做的功课，也是我们必修的“心灵修行课”。由于霍华德有着哈佛最高管理者之一的身份，我去见他时不用向同事或上司告假。

这天早上我给霍华德讲了我的朋友米歇尔的故事，最近她的老板被开除了。米歇尔在校时比我低几个年级，是一个富有创造力和工作热情的人。她的老板，同时也是她的部门上司，在米歇尔工作期间一直是她追赶和学习的对象。她已经为这个老板工作了10年，尽显了一个女人的忠诚和在职场上不断进步的优点。

尽管米歇尔已经很成功了，但她仍感觉未来悬而未决，觉得她的个人表现总是不尽如人意。她的老板这样突然离开实属意外，但也许有其他内情。米歇尔记得在一个星期五的早上，有人告诉她说她的老板马上就要走人了，而公司内部也在“考虑重新调整规划整个部门的结构”。

米歇尔感觉如当头一棒，全然没有了往日的果断和自信。她整个人都僵住了，她不知道公司将会用多长时间来审核评估她的表现，也不知道她将会被评估到什么程度，将来要面对些什么，在职业生涯中她头一次感到手足无措。

在我讲述米歇尔故事的过程中，霍华德的脸上浮现出一种困惑的表情。

米歇尔是这样打算的，我对他说，她决定在目前这种情况下“尽可能地保持低调”，同时等待部门将会被如何重组的消息。在事情悬而未决的时期，她将按兵不动，待了解了新情况之后她再决定去留。毕竟，这个时候她也不知道她的前途命运会是怎样的，是被裁员，还是被重组后做回她的小职员；是被安排到新部门从头开始，还是出乎意外地受到提拔。她只知道，现在经济形势并不理想，而她已经为这个公司奉献了10年青春，她当然希望自己能有最好的归宿。

听我讲完米歇尔的事，霍华德摇了摇头，踢开脚下的一个松果，叹了口气说：“可惜啊，浪费了大好的机会。”

“她现在面临的问题是谁也不知道她将何去何从。”我替她辩解道。

霍华德停下了脚步，轻轻戳了戳我的胸口说：“不，她的问题是她还没有意识到机会已经送到她眼前了。”

这是典型的霍华德式行事方式，从与众不同的角度看待事物，别人眼里的困境，却是他眼里的机会。大多数人都会像米歇尔一样“坐以待毙”，而霍华德却可以透过看似困顿的表象看到希望。

“她不过是在等着有人来决定她的命运，”霍华德补充道，“但她不知道实际上她已经得到了一份珍贵的礼物。”

“什么礼物？”

“一个转折点啊。”他说，“以米歇尔的情况来讲，当部门目前的结构被打散，规则被重新建构时，便出现了新的转机，一个让她可以意识到自己真正想要什么的转机。她应该重新理清现状，拿出实际行动来接受和改变。”

霍华德示意我陪他到一棵巨大的栎树下坐下歇一会儿。“转折点的出现可以改变我们的固定思维方式。它们带来潜在能量。转折点不常有，其带有的潜在能量一旦被激发出来，将是个人发展的千载难逢的好机会。”

“潜在能量？”我一直都开玩笑说霍华德有一套自己的语言系统，叫作“霍华德语”，其特点是深奥晦涩得让人难以理解。“潜在能量”就是典型的霍华德式语言，当我重复这个词儿的时候，他跟着大笑起来。

“好吧，好吧，”他说，“这样解释如何？潜在能量就是在某种情境中暗藏着的机遇的定义，这种机遇可以刺激你做出改变从而颠覆过去。”

“再精简一些。”我说道，“要直截了当的那种说法。”

霍华德笑着说："那是可以为你主动争取职业机会起推动作用的力量。”他停顿了一下，冲我眨眨眼，示意我接下来他就要开始证明他的观点了，“也许你已经不记得了，在20世纪70年代阿波罗13号在从月球返回地球的途中，飞船的储气罐爆炸了，命令模块几乎被完全破坏，当时所剩的燃料已经不够他们平安返回地球，因此他们做了一个决定，那就是将返航的工作交给月球的引力来做。随着转速越来越快，只凭一个发动机爆发出的重力，月球的轨道动力就像弹弓一样将他们弹回了地球。他们之所以能够平安归来，就是凭着在月球轨道上遇到的转折点改变了他们的固定轨道，并且还补足了他们所需的能量。”

“我怎么记得这个场景出自《阿波罗13号》那部电影呢。”我说，“你是故意的，因为你知道在现实中他们会被甩进无尽的宇宙黑洞里去。”

“现在我们回到地球，”霍华德假装没听见我的话，“转折点所带来的机遇很容易被忽略和无视，机会很容易就流失了。最终，人们会像米歇尔一样，意识不到转折点的出现。可即便他们意识得到，反应也往往是无动于衷。当遇到转机时，人们总是采取等待的方式，任由自己成为生活中的旁观者。”

“极少数的人会把转折点当作是他们改变生命轨迹的催化剂，这些人会积极改变自己从前顺行的轨道，把自己的位置调整到合适的方向上去。”他继续说道，“无论是新的工作，还是新的感情，或者其他什么，转折点都可以给人带来新的机遇，这时人们就该停下来，想一想，自问：‘我是该重蹈覆辙还是开辟新航向？’”

我想到当我在职业道路上做出改变时，当我选择向着全新的方向前进时，我是否将那个时刻看作是新的机遇？我是本能地做出选择，还是有意识地改变呢？

霍华德继续说道：“或许停滞不前，坐吃山空是人类的天性吧，可能有人从来没有停下来问过自己这些。实际上，这样走下去就只有一条下坡路而已。我们希望条条大路通罗马，可在行进的过程中，我们却总是选择固定的一条道路来走。”

“因此，除了起到推动作用，转折点还是决定我们人生道路是走上坡路还是走下坡路的时刻？”我说。

“是的，这个比喻很贴切。”他说，“不过在这条路上可没有地图和GPS导航系统。因此，这些转折点的出现更显得弥足珍贵，需要你提前做些功课想想在遇到转折点时，你是接受挑战还是选择离开。”他分析道，“现在米歇尔需要明白的是，即便未来迷雾重重，但她手里已经拥有了一份详尽的职业规划图，她该意识到转折点已经来到了她面前，而她所要做的就是决定是否推自己一把，让她的职业生涯和生活轨迹向前走。”

我看着霍华德，他的神情十分严肃。“这是你的个人经验吗？”

他没有马上做出回应，而是看着一只灰色的松鼠奋力把去年秋天埋藏的橡果挖出来。

“是啊，经验总是有好有坏。”霍华德说，随后把目光转向缓慢流淌的查尔斯河，“对我而言，我同第一任妻子的离婚也是我生活中的重要转折点。”他说道，听起来更像是在自言自语，“那段时间的确很难熬，多年以后，我终于意识到那其实是一个机会，是一个具有潜在能量的转折点。这个转折点给了我极大的动力去追寻我生活和职业中真正想要的东西。”这些是霍华德不会讲给外人听的私事，我安静地听他讲述着。

片刻之后，他洪亮的声音又将我们带回到了之前的话题，“我想对米歇尔说，”他的思绪已经回到了眼前这件事上，“我跟形形色色的公司打了几十年的交道，很少见到这种针对整个部门的复审，除非现状十分严峻，公司不得不需要重新整顿。告诉她不必坐等有人告诉她职位会有怎样的变动，不管她喜不喜欢，她现在已经遇到了自己的转折点，她的未来走向将会比她所预想的更加不同。我很早就发现面对‘突发情况’时，你所做出的反应，或者你压根没有做出反应，将严重影响你未来是否会拥有令自己满意的职业或幸福的生活。”

“干坐着猜想未来会如何，是对你的前途最不负责任的做法。如果米歇尔继续这样被动下去，她就要失去面对高层次挑战的机遇了。现在她应该认真地审视自己的能力，抓住这个转折点，改变她的工作环境，勇敢地直面危险。”

“所以她应该开始着手规划未来了。”我说。

“没错。”霍华德说，“发现转折点，这只是第一步。正如从前我说过的，时间是无尽的，生活总是要向前看。你可以从过去获取经验，但总要着眼于未来。她可以为老板的离开而感到惋惜，不过那都是过眼云烟了，就像这桥下的水一去不返。”他指着查尔斯河说，那水正向着前方的桥奔流而去。“现在她应该做的是，列出她未来的发展可能，选择一个她最希望得到的结果，并提前几个月主动为之做出改变和努力。这就是我们所说的主动出击与被动等待的区别。”

“很有道理，”我说，“人们在管理投资组合时总是更为积极，因为这能让他们获得巨大回报。在管理员工和任务时也会这样，因为会影响到收入和效率。”

“这关系到她的职业生涯和未来，所以她为什么还要被动等待呢？”霍华德说，这时他的手机响起来，他接起电话，示意我该往回走了。在回去的路上，我反复思考着他说过的话。在管理我们的账户、员工、项目、孩子的日程表，甚至是做我们喜欢做的事的时候，我们都是那么积极上心。可有几个人会对自己的职业前景管理上心呢？

等霍华德挂上电话，我继续刚才的话题，“你的意思是，与其坐等公司对她的部门进行整合，不如主动将自己推到公司面前，发挥自己的能力推动进程的发展，反正她未来的角色也会发生变动。”我组织了一下语言，“这可能有点冒险，但如果她站出来主动为公司做些什么，或许是在向公司发出积极的信号。”

他停下脚步，把手搭在我的肩膀上：“我喜欢这个说法。她需要在对话中获得一席之地，而不是被深深埋没。至少，她应该在决策者面前表现出她的位置和能力，让他们知道她未来职业规划的重点是什么，这对部门重组将产生怎样重要的影响。”

不过我担心如果米歇尔这样做，会被看作是越权行为，显得她不顾一切地想往上爬一样。

霍华德似乎看透了我的心思，说道：“没有任何一种选择是不存在风险的。无动于衷也是一种选择，那等于是选择被动地等着天上掉馅饼。但我认为，如果米歇尔真如你所说的那么聪明，她应该清楚公司的整体目标。她应该表现出作为知情人，她能如何帮助公司重新组织这个部门的工作。她的想法不一定是‘正确的’，但在这种情况下其实已经不存在什么对与错了。公司高层只是需要尽可能多地了解情况。他们要尽量做到客观，他们的目标并不只是为了给某人升职或加薪。”

“要是他们对她说，‘多谢你的建议，但我们不感兴趣’呢？”

“那她就真的该着手为将来做些打算了，要么她没有自己想的那么出色，要么领导层对她压根就不重视。不管是哪种情况，她都得到了有用的信息。她了解到了她应该知道的事。”

霍华德的意见总是充满见地。只为得到一个回应，不管是好是坏，与其被动等待，不如主动争取。米歇尔的自荐效果是积极还是消极，她得到的回应是好是坏，都不重要。重要的是她得到的回应可以帮她尽快拓宽她的未来视野。

“一旦米歇尔意识到转折点的存在，”霍华德点评说，“她就应该对公司前景做出有根据的判断。告诉她主动出击吧，坐以待毙只有死路一条。她一定得好好享用这份天降大礼。”

我苦思着该怎么把这些话复述给米歇尔听，我敢打赌当她听到我嘴里说出“潜在能量”之类的词时一定会笑话我的。“跟她实话实说！”霍华德提高了声调，“按理说，这至少能给她一些安慰。现在她就好像坐在黑暗里，两眼摸黑，可怜又无助，时刻担心她被攥在别人手里的命运。可是，如果她能有效地利用这个转折点，而不是眼睁睁地错过机会，她将会改变她现在所处的这个糟糕状况，当然也会改变她的未来。让她别再空抱希望等待了，赶快行动起来。”

几分钟后，我们走回到了霍华德的办公室，在门口我逗他说：“刚才听起来你整个就是尤达大师的口气，你记不记得他那句名言‘做梦不能算是计划’？”

他瞪了我一眼，我以为我拿他和星球大战里皱巴巴的外星生物做对比冒犯到了他，可当我转身离开时，却看到他悄悄地笑了。

＊＊＊

现在，停下来回想一下：上一次你有机会改变你未来职业走向是什么时候？其间有没有出现过“潜在能量”？那力量足够推动你去改变工作方式吗，或者改变你为之效力的公司？甚至改变你一生的工作走向？

不管你遇到的转折点是好是坏，意料之中还是意料之外，推动力是强是弱，你当时是怎样回应它的？你有没有意识到它的存在？

米歇尔这件事过去很久之后，霍华德和我又针对转折点这个话题进行过多次讨论。有时是根据我切身相关的经验，但大多数则是由其他话题引起的。有时我们随便聊起什么事，比如公司的良好前景，同事的公事，霍华德与之打交道的公司，他就会停下来，做询问状提问道：“这算不算转折点？”在我们一致同意那就是一个转折点时，他会继续问：“应该如何应对呢？经历这个转折点的人或公司该如何获取其中的推动力呢？”

后来，我逐渐意识到转折点在我个人职业生涯中所发挥的巨大威力。当然，当时我并不知道这种机遇可以叫作转折点。其实我没给这种机遇起过任何名字，甚至没意识到我经历过转折点。但是，当我回想起我选择职业的方向时，我意识到转折点所发挥的巨大力量，无论是那些被我发现并抓住的，还是被我无视和错过的。

我开始注意那些发生在我周围的人身上的转折点。和同事吃午餐或和老友聚会时，我总会用这个问题向他们发起挑战。后来，我发现人们经历的转折点一般可以归为以下3类：有利的、不利的和中性的。

人人都爱对自己有利的转折点。举个例子，某事可以让人们意识到不必勉强去做那些不想做的工作，或者不必坚持不能获得成就感的职业路。也可以反过来说，有些事让我们意识到我们实际上具有那些可以助我们成功的素质。对我们有利的转折点出现的方式总是很微妙，即便它不主动送上门来，但如果我们一心努力，最后也会收获巨大的成果。比如，你的老板成立了一个学费补偿项目，只要你努力争取就可以拿下梦寐以求的硕士学位。当我们的转折点出现时，对我们有利的转折点就像是唤醒了一种新的可能性，带来天际的黎明，照亮你的前途。当这样的转折点出现时，我们无疑是最幸运的，我们应该张开双臂全力拥抱它。

看起来对我们不利的转折点在初期出现时很难让人接受，它们总是暗藏杀机，总感觉它们会在背后咬我们一口。它们总是在寻找猎物，我之所以用猎物这个词，是因为这种转折点总是会杀我们个措手不及。比如，虽然我们自认为稳操胜券，但唯一的那个我们感兴趣的研究项目申请还是没有通过。或者，公司决定精简掉一个部门，而那恰恰是我们的部门。再或者，我们的另一半终于得到了工作的晋升，但需要我们搬去廷巴克图，一个都没听说过的地方。

经历对我们不利的转折点就好像在一条职业高速路上快速行驶时，车子突然失去了控制。它会带来震惊和自我否定，让我们手足无措，只能被动等待。这种时候谁也想不出该如何成熟恰当地应对这种局面，更想不到利用这种消极的处境去寻求积极的机会，人们好像只能恐惧、绝望和迷茫。

无论“有利的”还是“不利的”转折点，都是由外部因素引起的，而第三类转折点则存在于你的自身。前两类所引起的反应很强烈，而“中性的”转折点则是细微的，细小到我们甚至不会意识到它的存在。最终我们可能根本不会对其做出任何回应，这才是最大的问题。我说它是“中性的”，因为它是需要我们自己去探索和寻找的，它不会带给我们什么有利或不利的影响。

当我们意识到需要自己动手去挖掘它时，它才会出现。这是一个我们自己创造出来的转折点。有时它就像在你脑海里轻声耳语一样，提醒你之所以烦躁不满是因为你走的路不对。有时它又像是一道火花突然闪现，抛给你一个问题，比如："要是我把爱好转换成我的职业会怎么样？"或者"我现在是不是应该行动起来，尽所能去完善自己？"

当然，很多转折点的成分极其复杂。对我们有利的转折点也存在着消极因素；对我们不利的转折点让人苦不堪言，也可能会以一种更好、更不同的方式带来中性的转折点；而中性的转折点可能会让你经历短期的痛苦，但最终会苦尽甘来。我觉得最神奇的一点是，从自己和身边同事及朋友的经历来看，错失机会的最主要原因是我们没有对出现的转折点做出哪怕一点儿的回应。

要是你对主动出击是否值得持怀疑态度，请参考霍华德的名言，"转折点总是以各种各样的形式出现：有利的、不利的、简单的、困难的、明显的、微小的。你要么积极抓住机会利用它帮你实现价值，要么就放弃机会任命运摆布。无论你将以何种方式回应，你的态度都是至关重要的。每一个转折点的存在，都与你的生活和前途息息相关，你想不到它将带来什么样的影响。"

嘉宾故事：温迪·科普&阿文德·拉昆纳扎

有些转折点来势汹汹；有的则来无影，去无踪，只有事后你才能意识到它的重要性。同理，如果一个人在刚入行时就抓住关键的转折点，从此他就有可能打开一扇职业道路的新大门。

美国教育行动的创始人兼CEO温迪·科普和巨鹏基金管理有限公司的创始人兼CEO阿文德·拉昆纳扎就有着类似的经历。决定温迪职业走向的转折点出现得非常早，那时她甚至还没从大学毕业，而20年后，她还深受这个转折点的影响。阿文德曾经在计算机工程学科做了许多年理论研究，并将此作为自己的终生事业，直到有天晚上他读了一本书，而这本书改变了他之后的事业走向。

1989年的时候，温迪·科普在普林斯顿大学面临毕业，让她感到头疼的有两件事。第一件事是她不知道毕业后从事什么职业。“当时我只感觉困惑。”去年夏天我们见面时她这样告诉我，“我甚至连想都不想去找工作。”第二件事在当时给她的压力则更大一些，她还不知道毕业论文该写些什么。有趣的是，这两件事最终都在温迪回答了“我不知道我想做什么”这个问题后迎刃而解。

一天，在参加了一个教育改革的会议后，温迪不禁想到在贫困地区和农村读书的孩子们所面临的问题，她想：“为什么不招募毕业班的学生去这些地区支教呢？他们聪明，也有时间，与其去华尔街实习，不如去这些地区支教收获更大。”这个问题最终促成她确定了毕业论文的选题，也是在这篇论文中她提出了美国教育行动的理念：支持和鼓励大学高年级学生支教两年时间，无论将来职业走向是怎样的，他们的人生都会因为曾作为一名“教育传教士”而充满意义。温迪的这一行动所产生的影响一开始并不积极，她的论文令路人对她说：“亲爱的科普女士，你这样做可真是疯了。”但是温迪自己则感觉充满了干劲儿和信心。

温迪没有在意他人的贬低，而是利用自己的能力协调、动员周围人，决心在全国上下掀起提高教育水平的新浪潮。在从普林斯顿大学毕业后，她立刻组建了美国教育行动组织，到1990年，已经有500名毕业生参与到了这个新生的项目之中。过了大约20年后的现在，已经有成千上万名年轻人参加过这个项目，造福了千千万万名学童。

美国教育行动的发展道路并不是一帆风顺的，作为创建者和执行总裁，温迪也曾遭遇过低谷和困难。即使这样，从她在头脑里酝酿出这个想法的时候起，她就被一股激情所驱动，她有完成这项任务的坚定决心。她希望可以建立她理想中的公立教育体系。通过这些年的种种努力，可以说她已经完成了这个目标：美国教育行动被看作是经营最稳妥的非营利组织，还是《财富》杂志评选的100个最佳工作环境之一，每年申请参与项目活动的学生数量比往年都在不断增加。温迪的目标是在全世界推广这个项目，不同国家的企业家都可以按照她的模式，通过全球教育行动的引领实现这个项目的意义。

回首创业之初，温迪说："不管怎么说，当初我很快就发现了自己想做和适合做的事。能开创自己想做的事业是我的福气，这又能让我能最大限度地释放自己的热情，这简直就是福中之福。"她笑着说："我想不出还有什么其他职业能比我现在做的事更适合自己的了。"

相比之下，阿文德·拉昆纳扎遇到转折点的过程则显得漫长和复杂了一些。尽管如此，这个重要的转折点还是发挥了其"潜在能量"，帮助他从印度钦奈的一个毛头小子一路打拼，成长为一名成功的企业家和广为人知的慈善家。

阿文德毕业于著名的印度理工学院，之后在加州伯克利大学拿到了计算机工程的博士学位，然后做了3年教授。一天晚上，也是一个平常的晚上，在他读了一本书后，属于他的转折点出现了，从此他的生活发生了巨大的改变。

"我一直都是一个书呆子型的孩子，只是恰巧对数学有了那么一点儿天赋。"他告诉我，"像其他在印度长大的小孩一样，我通过电视知道了美国，有了自己的美国梦。想要脱离印度这个等级森严的社会，只有一个办法，就是考上印度理工学院，这在印度就相当于麻省理工学院或伯克利大学。当时有30万名学生申请报名，但录取名额却只有2000个。上高中的时候，我每天把自己锁在房间里10小时，日复一日为能考上那里而学习奋斗。

"当知道我被录取后，生活发生了天翻地覆的变化，曾经想都不敢想的机会蜂拥而至，其中最让我开心的就是能够去美国读研。1988年当我来到伯克利大学时，兜里只揣着100美元，从印度到美国的两天旅途中我还把护照弄丢了。毕业后，我在伯克利大学成了一名教授。那简直太棒了，我喜欢教授的工作，研究、教书，还有思考。我一直坚信只要我持之以恒，我一定会给计算机科学领域带去巨大的贡献。

“过了几年，我开始希望能在更广阔的天地中有一番作为。一直以来，我都在专心研究学术，从没想过要做些其他什么事。但是这一次我头一回认真严肃地考虑了这个问题，‘我的生活就这样继续下去吗？’”

这时我想起了霍华德非常喜欢的一句名言：“一切只是看上去很美。”

阿文德点了点头，说：“我能感觉到安逸生活的诱惑，但发生了一件有趣的事，帮助我摆脱了这种安逸。在给一个同事送备忘录的时候，他书架上的一本书吸引了我的目光，那本书叫《说谎者的扑克》。这本书讲的是20世纪80年代华尔街交易员们工作中的故事。我借走了这本书，用了一个晚上把它读完，一个想法出现在我的脑海：‘我知道该怎样做得更好。’

“经过几天的深思熟虑，我递交了辞呈，我觉得我这样做是正确的。促使我这样做的原因是一个简单而强有力的转折点：我认为凭借我在数学和计算机领域的知识，我能够用更高级的方式取代《说谎者的扑克》里面提到的华尔街那些老旧的工作方式。

“这个转折点的出现，把我引向了一种全新的生活，那是我从没想象过的。”同样，他也从没想过自己可以帮助那么多的人：他同妻子成为了颇负盛名的慈善家，致力于发展美国和印度之间的教育及文化交流活动。

表面看起来，温迪和阿文德的经历并没有交集。但当我了解他们之后，发现他们两个都是全身心扑在事业上的人，也正因为如此，他们才能获得成功。我看到的是两个通过自己努力造福社会的人：温迪的事业需要慈善组织的大力支持，对改变他人命运和为经济发展提供高质量人才都有着长远的影响；阿文德则是通过深入调查和了解后选择为新兴企业进行投资，在这个过程中他也为自己创建的慈善教育系统提供了就业机会。

在这两个案例中，我们的主人公都成功地抓住了转折点带来的机会，最大限度地发挥了自己的聪明才智，最终乐在其中。

MY LAST CLASS AT HARVARD

第3章

从终点重新开始

“从终点开始意味着回到原点，为自己绘制出一幅未来的蓝图——一幅指引你生活和职业走向的蓝图。”

一个五月的傍晚，我坐在霍华德家的厨房里，边喝啤酒边看他做烤牛肉三明治。

“其实我可以在回家的路上随便吃一点儿。”我说，“你不用这么大费周折地做饭。”

“要是你觉得这就叫‘做饭’，那你要学的东西可比我想的还要多。”霍华德说，“另外，我们还有很多准备工作要做，你吃饱了好干活。”第二天我们要和霍华德从前的一个学生会面，这个人正在考虑给母校捐一大笔善款，所以当晚我们得把会面内容定下来。

他把三明治摆在我面前，微笑着看我狼吞虎咽，问：“饿坏了吧？”

“中午没顾上吃饭。”我边嚼边说，“遇到了点儿事，有没有兴趣听听？”

“说吧。”他坐下来，等我讲给他听，是关于我以前的一个同事乔治的事。这个人既老实又聪明勤奋，在我认识他的这么多年里，从没见过像他这样重视自己事业发展的人。

这天，乔治来到了波士顿，我们约好一起吃午餐顺便叙叙旧，但当我们在餐馆碰头时，他说不饿，看起来情绪也很焦躁。我们放弃了午餐计划，花了两个小时在波士顿的老区那些历史悠久的街道里闲逛，乔治说起了去年他所遭受的挫败和困惑的经历。

据我对乔治的了解，他是一个相当看重收入的人。但他并不吝啬，也不贪图物质享受，他推崇舒适极简的生活，为人也慷慨大方。作为一个成长在单亲家庭，曾经身负沉重经济压力的人，乔治在渴望成为富人的道路上走得更为艰辛。确切地说，用他自创的一个说法就是要为他自己、他的妻子、他的孩子提供“全面的经济保护”。他决心不让他小时候所经历的那些悲剧在他的家人身上重演，他要让他的家人拥有稳定的生活，吃饱穿暖。他不想妻子生完孩子以后，还要因为生活负担繁重而重返工作岗位，他希望他的孩子即便申请不到奖学金也可以安心地去上大学，他会给他缴大学学费。除了他对家庭如此上心外，我最佩服他的一点就是他不只为家人考虑，同时也会考虑雇员的福利待遇。

刚踏入社会时，我们曾在一家酒店共事。几年后，当他觉得自己已经积累了足够的知识和经验后，辞职开发了一款适用于酒店在线预订的服务的系统。当时我十分钦佩他的这种大胆选择，将自己微薄的积蓄全部投入进去，据说还刷爆了信用卡。他非常清楚自己在做什么，然而我们在波士顿重逢的前一年，他的公司被一家大型酒店集团收购了。根据协议，乔治变成了银行存款达到百万的富人，他实现了自己要为家庭提供“全面的经济保护”的目标。

卖掉公司之后，乔治需要履行合同规定，再在这家公司待上1年。在那段时间，他所做的工作和卖掉公司之前没什么两样。他的生活几乎没有受到这次收购的影响：公司平稳地度过了经济危机，收入节节攀升，新合资公司的老板也不去干涉他的工作。他约我在波士顿见面时，我以为他一定感觉自己现在简直就是站在世界之巅。但是，在我们散步的过程中，乔治说自打公司重组之后，他越来越对自己的工作状态感到不满，而且这种感觉日益增长，让他逐渐陷入深深的挣扎之中。

听到他这样说，我十分震惊，我的第一反应是问他家里一切是否还好，婚姻有没有遇到问题，孩子们是否都好。“卡琳和孩子都很好，他们就是我坚定的基石，问题出在我自己身上。我总是把工作中遇到的糟糕情绪带回家，我真不是一个好伴侣。”

我劝他，从好几个角度来看他的反应都是正常的。一旦有过做老板的经历再给别人打工，无论如何都是很难找到感觉的。这是一个可以理解的低潮期，如果你已经提前收获了梦想的果实，超前完成了你的目标任务，突然失去动力是很平常的事。

乔治承认，他的热情的确受到了打击，但他一直觉得自己会适应的。他甚至接受现在该是他离开他所创办的公司的时候了。过去他从来没有过这样的想法，因为他要确保“工作大家庭”的生计问题，这些与他长期共事的员工，一直是推动他前进的坚实动力。

乔治解释说，目前所出现的问题都是长期积累所致，而过去已不是他面对的困难，将来才是。他也想过要进行新的投资，但一直没有遇到合适的机会。他也认真考虑过加入一家咨询公司，可在最后一分钟他反悔了。现在他甚至想去读法学，倒不是他对法律感兴趣，而是至少接下来的几年，知道自己该何去何从。

“他过早地实现了人生目标。”我对霍华德说，“现在他陷入了怪圈，无法找到自己的方向。他是一个积极而充满活力的人，但他现在不知道这股劲该往哪儿使，只能原地踏步。我今天看到他，感觉他就像一个加热过度、马上就要爆炸的锅炉。”

霍华德安静地坐着，我咬了几口三明治，继续说：“他甚至没有心情去享受生活中除工作以外的事。他不再打高尔夫球，也不去音乐厅，可能还要退出由他组织的社会团体。”

“真的？”这是自我开始讲这个故事以后霍华德说的第一句话。

“是啊，听得我也很郁闷。”我说。

霍华德思索了一会儿，抛出了一系列让我惊讶的问题，这些问题在当时看起来完全跟我所提到的话题无关。

问题1：据你所知，乔治是从什么时候起开始打高尔夫球的？是在大学时还是开创事业不久后？（我的回答：高尔夫球是乔治后来才学的。我认识他的时候，他喜欢打保龄球。我对保龄球一窍不通，但他实在打得太好了，我陪他去玩过几次。）

问题2：乔治参加的是什么社区团体？（我的回答：一个是当地的艺术中心，另一个是美国肺科协会的地方性组织。）

问题3：乔治是艺术家吗？他家族有肺脏疾病的遗传史吗？（我的两个回答都是：我不这么想。）

回答完霍华德的问题，我又把问题抛回给他：“你问这些跟他下一步该如何打算有什么关系？”

“关系大得很。”他说完回到房间里，再出现的时候手里拎着一个装满了玩具的袋子，这是给他的外孙们准备的。他在袋子里翻来翻去，找到了他想要的东西，一盒智力拼图。

“我的外孙女可喜欢玩这个了。”他说，“她有一种玩转它们的本能。她喜欢先把边缘部分拼起来，再拼里面。她先搭建外部边框，让拼图有一个大致的轮廓，然后再挑选符合剩余部分的拼图。”

“一个10岁的小战略家。”我说道，“我猜这是遗传了她的外祖母吧？”

他莞尔一笑，无视我的调侃。“很明显，乔治，这个年轻的成功人士已经遇到了他职业和生活中最重要的一个转折点。虽然我们可以把对自己不利的转折点变成商机，但如果你处理不当，本来对自己有利的转折点也可以成为你的噩梦。”他在继续说下去之前停顿了一下。

“还记得我们说过的利用月球轨道这个转折点重返地球的宇航员吗？”

“当然。”我吃着第二块烤牛肉三明治口齿不清地说。

“如果你不知道如何加以利用，转折点是发挥不了太大作用的。如果阿波罗13号上的宇航员当时不知道他们的实际距离和他们的目标距离，环绕月球的这个冒险举动将把他们卷入无尽的宇宙。如果他们不知道该在哪里降落，他们就不能推算出需要多快的速度，什么时候加速，什么时候减速，等等，这些。”

“实际上这些宇航员所有的依据都很简单。”霍华德继续道，“所有的一切都建立在一个目标之上。不能模棱两可，含含糊糊。他们只想去一个地方，那就是地球。而且动作要快，否则他们就要被烧死在飞船里。但是我们在陆地上所面临的问题要复杂得多，因为在我们毕生事业规划上，我们并没有一个确切的目标。”

他晃了晃盒子，拼图在里面哗哗作响。“在每个人的生活和事业里，都有一套完整的拼图。要是你在开始拼图之前没有一个大概的构想，在拼图过程中你又怎么能知道接下来该选择哪一块来使这幅图看起来更完整呢？”

“这么说，乔治手里有了一份新的拼图，但他不知道该怎么把它们组合起来。”我说，霍华德点点头，于是我继续说下去，脑子里飞速运转着，“他是一个积极主动的人，但失去方向，或者说面对毫无头绪的状况，他会把自己逼疯。”

“没错！”他说，把我的空盘子拿到台案边。

吃饱喝足，也找到了乔治的问题源头，我把笔记本准备好，从文件夹里找出一些资料。但是霍华德带着一块硕大的桃子馅饼和一杯牛奶回到桌边，脸上的表情仿佛在说：“不许拒绝，乖乖地吃掉这些。”很明显，他还在想乔治的事。

“虽然有句谚语说‘车到山前必有路’？”他说，“这么说可能有些老生常谈，但是过去的人更擅长为自己的将来作个良好的打算。我看现在已经没多少人会这样做了。”

我笑了，通过这种方式和霍华德聊天让我感觉又重新做回了他的学生，而且是那种以一对一的方式接受哈佛最出色的理论辅导。

“或许是受到了现在的快节奏生活影响，7天-24小时的文化。”我辩解道，“现在生活节奏这么快，又不给人喘息的机会，人们懒得花时间去思考，于是就导致了宁可把时间花在行动上，也不把时间‘浪费’在思考上。这让我想起一个说法，‘根基没打牢，摔得会很惨’。”

“看来你也吃过这方面的亏。”霍华德说，“不过这真的是一个给将来带来严重不良影响的行为。如果一个人在采取行动前不先过过脑子，想想他为什么要实现这个目标，而这个成功又会对他产生什么影响，他最后十有八九会又耽误了时间又枉费了精力。”我吃着馅饼，霍华德补充说。

“知道吗，艾瑞克，工作中还有另一种影响我们的因素。”他说，“在我们这个快节奏的社会里，有一种被我叫作‘名人式成功’的文化：人们认为我们只要成功就能拥有名望，成功能让我们一举成名。在我们的文化氛围中‘成功’总是让人们拥有这样的双重想法。”

“首先，我们一厢情愿地认为自己值得成功，也为成功做好了准备。或者说，我们根本不愿意承认我们不够格去获得我们渴望已久的成功。其次，我们在做事时总是假设一切绝对行得通。”

“你的意思是，我们总是自认为生活有责任给我们指明方向？”我问。

霍华德点点头，停顿了一下，在大脑里寻找着恰当的方式进行类比。“正如很多人认为他们在生活里有一个私人导航系统，只要按一下按钮就能为他们指出职业的高峰与低谷。不过很不幸，就连最高级的导航有时都没法告诉你该往哪儿走，而只会告诉你如何到达你自己预先设定的目的地。”

“讽刺的是，只有那些自认为聪明、有天赋或勤劳肯干的人才会掉进这个逻辑怪圈，因为他们觉得他们的聪明、才华或是勤奋会自动生成他们达成目标所需的时间和所付出的精力，即使他们连最终想要做什么都还没确定。”

我们陷入思考之中，霍华德叫我跟他到屋里去。我没有拿上我的工作资料，因为这堂课还没上完呢。

霍华德坐到沙发上，把脚搭在咖啡桌上，他的大脑里逐渐形成了清晰的理论。“艾瑞克，我的学生里不知道有多少人在创业之初，在手里只有几个拼图的情况下就着手开工，最后导致走投无路。还有更糟的，有些人只会用那些本来就在他们手里的拼图。”他说，“不过，要想获得有意义的人生就需要应对难题，花上大量的精力和时间去规划和实践。如果一个人的职业和生活只是一条简单的线性图，不去深谋远虑，不去想该怎样往更完善的方面发展，就会遇到瓶颈。”

这个我懂，这些年来，霍华德见识过太多过着不快乐生活的“成功人士”，虽然他们生活无忧，名声显赫，拥有高档汽车和乡间别墅。我也有过类似的经历。这些人像乔治一样，以一定尺度来看明显是成功的——这个尺度包括财富、地位、权利或者其他。但是他们没有花时间去想什么样的成功标准更适用于他们长远的生活目标。他们没有想过他们所追求的第一个目标，应该也能有利于其他目标的发展，也许这个目标涉及的方面不会太多，但是这却十分重要。当然，不把问题考虑全面只能导致他们的情绪受到严重打击。

“换一种说法就是，”霍华德解释道，“只把重心放在一个目标上就像是专注于训练某块肌肉：你的整体健康并未得到加强，实际上这是非常不利于健康的。你的朋友乔治似乎就是这样，他在某一块拼图上耗费了太多的时间和精力，这让他的生活处于失衡状态。”

乔治的情况就让我费解了。虽然现在他处在对未来事业茫然疑虑的阶段，但在我看来他已经拥有了一份非常和美的生活。他的确工作起来很卖命，但这并不耽误他陪陪家人，参与一下他喜欢的运动，参加文化活动，并且和谐地融入社区。我觉得这些都能让他的生活变得快乐又充实，也把他塑造成了他想要变成的那种人。但是，有一件事我一直搞不大明白：他所不满的并不仅仅是他的事业状况，他对他生活的每一个方面都感到不开心，除了家庭之外，他对一切都失去了兴趣。

因此，我反驳了霍华德的观点。“依我看，他的生活很丰富。”我说，“事业、家庭、社会活动、社区工作，哪样不是积极向上的？他的生活根本没有理由失衡啊。”

霍华德调皮地笑了，就好像他把我引到了对弈中一个由他亲自布下的陷阱里。“没错，他的这些社交活动、社区公益、高尔夫球……表面看起来，的确，他的生活丰富多彩，像部3D电影一样精彩。但我用满满一盘烤牛肉三明治打赌，其实他的生活只是个‘伪3D’的电影。”

面对一个新的霍华德专属名词，我忍不住大笑。“伪3D？这又是什么意思？”

“无论他是有意还是无意，在他追求钱财上的成功时，他的策略并不完全是为了获得和美完善的生活。看起来他的生活很立体，但实际上只是个空壳，里面只是一维空间。这就是伪3D。”

我按着这个思路想下去。霍华德的意思是说他打高尔夫球并不是出于爱好、去听交响乐也不是因为他喜欢古典音乐、接受艺术中心或肺科协会的主席工作也并不是因为他对这些组织的活动抱有极大的热忱。他之所以选择参加这些活动是因为这是社交场合，借此途径可以认识一些公司总裁、银行家、投资家，或者其他能对他的事业有所帮助的人。

或许这是一种策略手段，但更可能是平衡不足而直接导致了他现在这种迷茫绝望情势的罪魁祸首。在毫无意识的情况下，在他并未想到这样做也是在做生意，他就已经编造出了一张包括商业关系、社区联系和社会活动的网，把他和家庭远隔在外。当事情发生了峰回路转的变化时，整个关系网就变得毫无重点可言了。从专业的角度，或者从心理学的角度来看，乔治现在处于一个重新开始的起点，但他不知道该如何下手，因为他还不知道之前他是通过何种方式获得成功的。

“不要误解我，艾瑞克，我其实很佩服乔治的所作所为，那些为了实现‘人生目标’所做出的牺牲很令人敬佩。”我一脸茫然地看着他。“我的意思是，获得经济上的保障不一定是乔治的最终目标，这只是他一个阶段性的目标。”他解释道，“我认为他真正的人生目标其实更简单：他只想保护和供养他的家人，这一是指他自己的家庭，一是指由他公司员工组成的大家庭。他想要致富，全都是为了这些人。”

“现在他得振作起来。”我说，“他应该了解他真正的目标是保护供养家人，好好琢磨一下，重新燃起赚钱的斗志。因为只有钱才能保护供养家人，这与他自身的方方面面也息息相关——情绪、思想、精神、社交……”霍华德不住地点头，于是我继续往下说，“不仅如此，他最应该好好想想还有什么事对于他来说是重要的，什么能给他带来快乐，什么能让他真正融入他认为充满意义的事物中去，什么能给他带来满足感。”

“是这样的。”霍华德说，“现在他有的是时间，就该停下来冷静一下。叫他别这么急于去想接下来该做什么。告诉他，花些时间好好全面深入地思考一下，想想他到底是一个什么样的人，他想在生活中获得什么，不论是从大的方面还是小的方面，还有这些方面之间都有什么样的联系。”

“用你那个拼图的说法来讲。”我提道，“他现在就该为自己的生活搭建一个框架，对于他现在遇到的这个转折点，再没有什么比一目了然的计划显得更重要了。”

“没错，他需要为自己的选择做出清楚的规划。”霍华德回答道，“但我指的不是一个死板的固定的框架，而是一个可持续发展的灵活框架，让他可以全面地看待将来他的生活该如何与每天的工作和私人生活相互融合。”

“为什么这个规划要具有可持续发展和灵活性？”我问道。

“因为我们的生活本身就是灵活并且充满了无限可能性的。你今天所设想的框架同样也适用于今后一年的发展。但是你今天对转折点做出的回应将会改变你明天的生活。”他指着身后一副漂亮的国际象棋说，“就像是一场象棋游戏，一旦你投入游戏，接下来的每一步都有可能对全局产生影响。最轻微的举动都有可能产生巨大的影响，你需要注意的是接下来该怎么走，而不是一味回想上一步怎么走的。顶级象棋选手都明白这一点，对于职业生涯，我们也该这样看问题。”

“问题是很多人不会随着职业和生活的变化而灵活变通。在他们长远目标和希望并未如他们所愿所想发展时，他们不会想到去问自己一些简单的问题，例如：‘去年我所期待的如今我还真的想要吗？’‘这份工作我已经做了5年，当初我选择它的理由还能支持我继续吗？’‘我做上一个决定时的出发点还适用于我将要做的这个决定吗？’”

“换句话说，”我说，“忘掉上一个转折点。专注于利用好你眼前的这个特别的转折点，具体问题具体分析，脚踏实地地思考你今后想要什么样的生活，而不是过去你想要什么。可以引用的名言就是，‘一个伟大的人总是会向前看’。”

霍华德哈哈大笑起来，因为我用了他最喜欢的谚语。“这回你是真的懂了。”

“好吧，看来乔治现在正处于天时地利人和的阶段，因为无论他之前搭建过什么样的框架，现在都丝毫没有用途了，他可以抛开一切重新开始。但是他怎么做才能重新构建他的新蓝图呢？假设‘照顾供养家人’在他的目标中占有很大分量，他该怎么开始呢？他该怎么构建他未来的图景呢？”

霍华德笑容满面地给了我回答：“从终点开始。”

“我不明白。”

“从终点开始。乔治要是想知道他想在生活中得到什么，他就应该当作一切都已经结束了。他已经挣到了很多钱。这很好，但他将来能给子孙留下什么？从长远角度来看，我们都应该想想将来我们能留下些什么。你越早地开始考虑这个问题，就能越快找到达到目标的捷径，获得更快乐的生活。”

“‘从终点开始’意味着从现在起就费心想想看你为你的职业和生活所做的决定将指引你走进的你未来生活的场景。”他继续说道，“一种最简单的让你能做到这种未雨绸缪的方法就是，你想听到人们在你的葬礼上说些什么。”他停下来看着我，想知道我是不是真的明白。

“我得承认。”思考了片刻后我回应道，“我想了很多今晚我们可能会谈到的东西，唯独没有想到悼词。但这就是我爱你的原因，霍华德，你总是能时时给别人敲响警钟。”

“这句话可以当我的墓志铭了。”他开玩笑说，从沙发旁边拽出他的公文包，开始把注意力集中到准备明天的会议内容上。

* * *

还记得上一次你面对转折点是什么时候吗？是重新审视一下自己是否做得正确，还是开始寻觅下一个目标？你是否还在默默坚守着自己原先的目标，循规蹈矩？反过来说，你是否在追寻一个别人都认为是千载难逢不能错过的机会，但你自己却始终觉得不能胜任，你身体的每一个细胞都在吼叫着让你放弃？

你是如何做出选择的？是否像大多数人一样，在权衡利弊时苦苦挣扎。你可能会对你将要面对的未知的一切产生无数的猜测。也可能你对细节问题的关注太过于紧密，导致你在需要做出决定时还瞻前顾后，连自己该做什么都不知道。

或者你有没有像霍华德所建议的那样，停下来挖掘一下你生活中存在的潜在重点，以及无数个目标和期望，把它们全部聚集到一幅图画中？然后你有没有根据这幅规划图做出你人生中的重要决定？

树立一个目标并为之热情奋斗是很简单的。我从霍华德这里学到的更重要理论（也可以被称为挑战）不仅仅是单纯的预想和追求某一个目标，而是要想想你自己能为后人留下什么，你希望你度过怎样的一生。

为什么这是一件非常重要的事？一旦你认定了你想留给后人什么样的精神遗产，你就拥有了通向成功生活的地图。这是你确定事业方向的基础，这是你用来对付转折点的参考答案。它有可能是像乔治现在面临的这种巨大的、或许会改变人生的转折点，也可能是我们在职业生涯里遇到的对我们有利的、不利的或不好不坏的转折点。重要的是，这是能让你创造个人转折点的最有力法宝。

如果你心中有个明确的长远目标，一步一步解决你所面对的这些问题将会变得更加容易——选择这份还是那份工作，住在城里还是郊区，去读研究生还是上钢琴课？一个明确的答案会让一切看起来没什么大不了。但这可不是那个分量最重，甚至不是最珍贵的礼物。长远的目标让选择变得简单并不是它带来的最大最重要的益处。受精神遗产的想法驱动的长远目标能让你变得更有效率，更容易获得满足感。由此看来，人们可以从成功的商业运作中学得重要的一课。

若想在商业上获得成功，靠的不是经营过程中的小打小闹，而是一个顾及全局的战略手段。如果缺少全面的考虑，就会失败。失败的案例起初都会以一个“闪亮登场”的形式面世，来势汹汹，强推产品，抢占市场；可接下来他们就无计可施了，因为他们不知道在“强推”和“抢占”之后如何让他们的销售更上一层楼。从另一方面来看，能够长期保持成功的企业都会对自身的发展制定宏观的规划蓝图，以一种3D效果图的形式了解今日的现状和明日的目标。

正如霍华德给乔治提的建议，一个有效的商业战略不是一成不变的规划图。一个成功的企业会尽可能多地了解关于他们本身、市场、产品的一切，以便随时改变战略目标。（在生活中，立遗嘱也是同理。）但是一切都是建立在拥有一套明确的参考背景上的，包含现阶段的状况，用以在未来面临变动的时候可以随时寻找新的机会。

从个人角度来说，我们中有许多人在制定职业发展路径时都没有一个详细的规划。我们总是顺其自然地从一个角色过渡到下一个。那些我们希望在生活中拥有的，比如像高薪、头衔、房产、社交活动、知识层次、社区角色，都需要使用战略才能得到。让这些方方面面完美地契合在一起，也是战略。或者，就像霍华德所说的，这是毕生事业的商业计划。

“为你自己的人生制订商业计划，”霍华德解释给我听，“你需要从战略层面开工。先设想一个从全局角度出发的目标。这里我指的目标不是你想要最终爬到的最高职位。从战略角度放开眼光，做出决定，积极回应转折点，你就能够构想出整个蓝图。”

无论是在商业运作，还是个人前途的发展问题上，都需要花时间和精力制定长远的规划，不过个人会遇到一些商业运作中不会遇到的复杂问题。对于商业来讲，财政“需求”是清晰明确的：需要创造利润。一直以来，只要满足了这种需求，一家企业就意味着成功，能不能赚到钱就是测量商业成功与否的一把标尺。（当然，在霍华德眼中，一家公司成功与否不仅仅表现在财政层面上，赚得利润只能看作是一家公司的基本功。像苹果和Facebook这样可以改变大众文化审美的公司，还有强生和美敦力这样为人们健康做出贡献的公司，都证明了获利只是公司经营目标的一部分。）

人类终归只是人，大家都有“基本需求”和“渴望”。对于生活在这个星球上的人们来说，为了满足基本需求——仅仅是有东西吃、有地方睡，就占用了人们的大部分精力和时间。满足渴望是一项令人愉快的额外的乐事，或者说是生存需求得到满足后的更高级的追求。从另一角度来说，你有时间来读这本书，而我有时间写这本书，就说明我们每天都有能力去追求能满足我们需求和渴望的机会。我们是幸运的，同时也是身肩负担的，因为满足需求的过程十分痛苦。这个社会教给我们的："你可以拥有一切，你也值得拥有一切。如果你无法拥有这一切，那是因为你不够聪明，不够优秀，不够勤奋。"这就是霍华德在说起阿波罗13号的宇航员时讲到的，他们在太空里做决定更直观有效：他们唯一的目标和需求就是活着回到地球。他们在当时拥有这种纯粹的本能，但我们大多数人却没有。

抛开表象不说，我的朋友乔治遇到的难以应对的转折点不仅仅是经济问题。他面临的是要把重心放在一个根本性的改变上——从"基本需求"到"渴望"的改变。这是走一步就能改变全局的棋。我们都希望能拥有乔治身上出现的转折点，但这个转折点也依然存在问题，因为他由此所获得的只是职业的"成功"而不是幸福感，更说不上自我满足。他没有发现，更不用说意识到平衡基本需求和渴望的重要性，也没有很好地运用到他所创造的理想生活中去。至少，他没有清楚和诚恳地去这样做。

霍华德会这样对他说：如果你想过得满足且充实，就别急着决定下一步该做什么。问自己一个长远的问题："我想成为什么样的人，还有我想为后人留下什么？"乔治大概只能片面地回答这个问题，他的确为他的家庭提供了经济保障，但他却从未绘制完成他生活其他部分的图画。

"你想成为什么样的人可以体现出你的价值所在。"霍华德说，"这是你个人信仰的表现。如果我们能把握好生活中的每一个机遇，我们对自己是谁、信仰什么一定都有一个带有价值判断的自我认识。"

每当我们谈到价值问题时，霍华德从不刻意为我定义什么是价值，我在这里就不耗费长篇大论来解释了。他给我上课总是简洁直接：我的价值当然一定要是我自己的，而不是我从其他人那里不加思考就汲取来的；我的价值当然是要根据我的精神遗产目标确定的，当然是我在实现精神遗产目标过程中的战略决策的自然产物。

“想知道你自己希望成为什么样的人有成千上万种办法，自然也有成千上百种办法了解你想为后人留下什么。当一切迎刃而解时，你会发现没有什么可以替代静坐和深入思考。”霍华德会这样说。

无论你叫它是“深入思考”还是“坦诚的心灵对话”，对我们来说这种深思和自我分析的方式都是新鲜甚至是令人不适的。思考我们想成为什么样的人从来都不是我们关注的重点。进行这种对话也与弥漫在全社会的活在当下的理念背道而驰。我们总是在成功之后才会去想当时我们的初衷是什么。我们大多数人都清楚，只有赋予释放自己的全部能量的权利，才能产生自我价值。

“自我权限”的意义是很重要的。确定精神遗产的第一步就是把它当作一项有意义的选择去做：你可以决定在你的一生中你要成为什么样的人，界定你的职业在你生活中的意义。一旦你接受了这种选择的力量，便拥有无数种进行“深入思考”的方式。

我非常欣赏霍华德给乔治所提的建议：想一想你希望人们在你的葬礼上说些什么。想一想你希望你所在乎的人用什么词来形容你，以你亲人的身份，说一说抛开一切阶级和角色，你对于这个世界来说意味着什么。还可以假想一下你希望你的孩子怎么对他们的孩子说起你。或者这样想：如果相机能拍摄到你离开这个世界时的状态，你希望你在影像里留下什么样的形象？

我认识的那些出色的人，无论富有与否，从个人角度回答这个问题时的答案都不局限于他们的职业成就。“我希望我的墓志铭是‘他曾如此热爱这个世界’。”全球最大的酒店企业董事长曾这样说。“我希望我可以帮助那些我救助过的女孩拥有阅读的能力。”一个成功的土耳其企业家说。还有比尔•盖茨，一年前他在哈佛演讲时说，他希望将来人们能记得他不仅仅因为他在家用电脑产业所做出的革命性改变，还会记得他在“致力于为非洲人民减少病痛”的事业中做出过小小的贡献。这些人同其他很多人一样，在搭建他们的未来生活时都有着一幅3D效果的图画，获得专业或财富上的成功只是其中的一部分。

对这些人来说，精神遗产不仅仅是一个理论的框架，它也是一个实用的工具，可以帮助他们为自己的职业和生活做出正确的抉择。

嘉宾故事：洛丽·斯格尔

你可能从来没听说过洛丽·斯格尔，她是一位聪明机智，有着极富感染力笑容的女性，我也是最近才认识她的。她不是什么高级CEO，也不是随时都能捐赠出100万美元做慈善的富人。她是一位接受过良好教育的女性、妻子、母亲、姐妹和朋友。我们被介绍认识，开始聊起来后我才发现，就“从终点开始”这个话题来说她是多么合适的一个例子。

当我跟她说霍华德的理论：你必须知道自己想成为什么样的人，甚至把眼光放长远一些，不要只做当下的最佳决定，比如想想你希望别人在你的葬礼上讲些什么。她点头表示赞同。“霍华德一定很喜欢T.S.艾略特。”她引用了一段《四个四重奏》中的诗句：“我们永远都不能停止探索，如果我们的探索有终点，那也会是我们下一次探索的开端……”

我们聊起“从终点开始”，形容它就像一条将人领到转折点前的小路，于是我问她有没有遇到过类似的挑战。

“霍华德的这种说法是对的，但我的经历更复杂。”她说。

“比计划自己的葬礼还复杂？”我笑道。

她点点头，引用了一段犹太谚语：“当我来到天堂大门前，我不会被问道，‘为什么你没有像摩西那样伟大？’或‘为什么你没有像你身边的人那样出色？’我会被问道，‘为什么你没有做你自己，没有跟随自己的心？’”

随着我们谈话的逐渐深入，我明白了她所用的这个比喻对她自身有多贴切。通过每周五晚她与家人共度犹太安息日，她为她的家庭祈福所得出的结论：“知道你自己是谁，你就会被庇佑。”这种庇佑就是她希望人们会在她的葬礼上说的：她已经实现了活得更跟随自己的心的誓言。

“当我面对我生活中的转折点，我不会先去考虑外界因素，我会先确定我自己真正想怎样做。”她解释道，“然后我面对的问题当然就是‘你又是什么样的人？’”

在她自问自答时，我一直保持微笑。“我是一个多面化的人，但我依旧拥有自己坚定的基石：我的个人信仰，包括宗教信仰和我对人的信任；我认为受教育是非常重要的，并且学无止境；我感恩我拥有的一切，我感激我生命中的每一个人。为那些我爱的人付出对我来说是至关重要的。”

她停了一下，然后继续道：“同时，我是一个有计划的人。比起被动，我更倾向于主动，但我不习惯仓促行事。在做决定之前，我会先搜集相关的信息，然后再开始行动。”她说着，自己笑起来，“比如，在一年前我和我丈夫决定要孩子时，我就开始读《孕期指导》了，我的朋友们都笑话我。但我自己心里清楚，在决定要第一个孩子时，这也是一个转折点，一个由你自己决定的转折点，‘是的，我们决定这样做了’，这个转折点对我来说真的很重要。”

在外人看来，洛丽的职业生涯是相当成功的，她做过各种高端职业，所涉及的范围也颇为有趣。她做过城市规划师、律师、私人学校的辅导员、教师，现在则负责一项科研项目。她的职业轨迹没有遵循任何传统规律的线性路线，她不为高薪、高待遇和光鲜头衔而转换工作，因为她并不追求职业等级中的固定位置。她把她的生活看作是一个整体，而不是由单一线性的点所组成的，她在生活中做出的首要选择就是应对这个问题：我是谁，我该怎样做才能使我的生活不一成不变，又能使自己在职业中发挥最大潜力？

这也不意味着她在事业中遇到的转折点都是“有利的”。实际上，洛丽所面对的第一个重要职业转折点便让她感觉十分纠结和痛苦，这个转折点就是从大学中途辍学。

“在我小的时候，”洛丽说起来，“我就立志要当一名建筑师。所以大学专业我选择了读建筑系，我认为只要按部就班我最终就能获得成功。”这种想法是好的，但是却忽略了一个细小但却很关键的因素。“在大二的时候，我认识到我在设计方面没有天分。”她说。她能掌握所有概念性、理论性和技术性的知识，她的基础打得很好，她也很有创造力。“我就是掌握不了一个真正的建筑师应该掌握的那些东西。”

这让她开始重新审视自己，反复探究她究竟是什么样的人，并且找到了新的出路。在经过一年多的调养后，在她离开学校后的一年，她一边打工做女服务生，一边攻读着她所感兴趣的课程，同时为自己的将来做着打算。在认清并坚定她的“隐性规划”后，她终于重新找回了自我。

经过深思，她认清了自己真正擅长什么，什么才能给她带来满足感。换种方式说，就是她找到了真正的自我，而不是她可能会成为的某种人，她选择成为一名城市规划师。她内心对于成为建筑师的渴望是如此强烈，以至于在拿到了本科学位后，她又到宾夕法尼亚大学继续攻读城市规划专业，并且拿到了硕士学位。

“现在回想起来，我在做出生活中最重要决定前都经历了一段十分艰苦的过程。”洛丽总结道，“每遇到一个转折点，我都会回到‘我自己是谁’这个起点，并且利用我的答案帮助我做出决定。”她露出灿烂的笑容，说用城市规划里的一个基本原则来比喻她所说的回到起点再好不过了，“在做土地调查时，你要确定一个起始点，测量出地产的距离和边界后，要沿着原路回到起点。在调查报告的最后会有这样一句话：‘回到起始点。’对我来说，这种回到原点的做法就好像是一种完成与发现的全新组合。这让我非常开心。”

MY LAST CLASS
AT HARVARD

第4章
平衡的艺术

事不逢时：我太太在半夜叫醒我。

时不我待：她声音中的恐惧与绝望一下让我清醒了过来。

时间有限：一时间需要决定的事情太多了。

突然时间线在不断拉长：从时变成天再变成周。

但依旧松懈不得：日历简直就像个催命鬼。

关于时间：它就是一切的基础。

最终都会像沙漏中的沙子：时间总会过去的。

时间无价。

无论是对于世界500强大企业、中型工程公司，还是街边的面包房，时间都是最重要的资源。合理分配时间这项技能对于CEO、技术经理还有糕点师都同样重要。在商场中，如果你不会合理分配时间你就别想获得成功。

对于个人来说，合理分配时间就更重要了，公司是一个实体，但人不是。如果情况允许，公司可以尽可能多地雇人，但没有人能替自己去生活。当然，有时为了节省时间我们可以雇人来帮我们做那些我们不愿意做或我们不会做的事，比如，我们不想自己洗衣服和熨衣服，我们就可以花钱雇一个洗衣工。

但是省时措施也就只能帮到这里了。我们不能雇人来替我们开创事业，或者获取我们想要得到的事业满意度，更不可能雇人为我们带来快乐。

在追求我们的人生目标时，我们最先遇到的挑战就是怎样合理地安排我们的时间。我们思考怎样才能把我们一生中想做的所有事都做好，无论是家庭生活、朋友交往，还是兴趣爱好……怎样按照我们的毕生事业规划去生活，怎样活得潇洒快乐。

对于很多人来说，事业和家庭是最耗费时间的两个方面，对我来说也是这样。在我个人生活中，家庭所占的比重是很大的，我投在家庭上的时间也一天天地对我的职业产生着影响。可不久前发生的一件事（大概是在这本书写到了一半的时候）让我意识到由于受到时间的限制，想要做到面面俱到是不可能的。

那是一个寒冷的2月，周六凌晨4点钟。“艾瑞克。”我太太珍妮弗惊呼道，“快醒醒！”我没听到过她如此惊慌失措的声音。“快打电话叫救护车。”她的声音颤抖着。她当时怀着我们的第二个孩子，才刚刚25周，羊水就破了，整整提前了15周。虽然当时我睡眼惺忪，搞不清到底是什么状况，但本能地意识到我们未出世的孩子有生命危险。

在这之前，我的生活和事业还都算顺利。我太太珍妮弗之前是一名小学教师，现在全心全意地扮演全职妈妈的角色并且乐在其中。我们3岁的儿子丹尼尔正在茁壮成长，是住在附近的外公外婆疼爱的宝贝。我的事业也开展得很顺利：我的公司艾克塞斯国际商贸公司的经营状况蒸蒸日上，拥有很多同大公司合作的机会，并且吸引了众多投资商的目光。实际上，几天前我才刚刚从拉斯维加斯出差回来，在那儿我成功地使两家公关贸易公司达成了合作，这一举动被双方誉为是具有“历史意义”的。

在家庭、工作、写书、人际交往、职业往来以及实现人生目标这些方面，我自认为可以玩转一切。无论如何，我非常擅长应对各种挑战，并且在合理分配时间上做得相当不错。即便日程排得很满，但一切依旧在我的掌握之中。

但是，在这个冬日的夜里，我的平衡被打破了。我感到力不从心，那种掌握大局的信心消失了。

在珍妮弗叫醒我30分钟后发生的一切，是我一生中经历过的最漫长的一段时光。我们把她送到了急诊室，经过快速检查之后，医生严肃地告知我们，我们未出世的孩子体重还不到一磅半（约0.68千克），珍妮弗可以选择马上准备生产，但对于大多数像她这种情况的产妇，生出的孩子都活不过一周。提前超过3个月出生的早产儿都不具备自主呼吸的能力。我们真希望他不要再说下去了。最后他们说，不管要等多久，在孩子出生前珍妮弗都不能离开医院。

于是我们把珍妮弗送到了诊室，一个护士大概是察觉到了我们的恐惧与惊慌，安慰我们要往积极的方面想，至少现在孩子还在。现在想想看，这鼓励对我们来说有着非常重要的意义。

刻不容缓，我们全家都加入了一场为期两个月的漫长斗争之中：珍妮弗每天只活动半小时，其余23个半小时都平躺在床上静养接受医疗观察，尽一切努力保住孩子。我们谁都不知道她为此做出的努力能不能成功，她不畏一切困难，只希望我们的孩子能在子宫里再多待上61天。即使医生说我们只能等待奇迹的发生。

几天后，我已经记不清当初我是怎么在凌晨4点赶到医院的，能记得的只有深深的恐慌。无论是在开创事业、安置家业，还是写这本书时，我都没这样恐慌过。现在我全部的精力都花在我太太和我的两个孩子的身上：一个还在他母亲肚子里，另一个在星期六早上发现来给他准备早餐的是外婆，而不是他的爸爸妈妈。就在星期一早上7点的时候，我平时坐上火车去上班的时间，我猛然警醒。对于可预见的未来，虽然我不知道它将持续多久，我必须从头规划我的时间分配，把个人情感和精力都暂时放在一边。

现实就是这样残酷。我用以平衡事业、家庭、个人目标和事业目标的标尺需要重新调整刻度，不知道要持续几个月。我个人的计划和需求必须缩短到最小化，我得把时间和精力的天平全力倾向珍妮弗和丹尼尔这边。我希望每时每刻都能陪伴在珍妮弗身边，我担心万一我不在就会发生什么不测。（说的好像只要我在，就能帮她稳定住形势一样。）我还要肩负起每天照顾丹尼尔的责任，虽然我笨手笨脚得就好像是穿着珍妮弗的鞋子蹒跚学步，像小心翼翼参加生日派对的客人，或是努力保持平衡的跷跷板玩伴。我知道这会让我无暇顾及自己个人的生活，但当我的家庭遇到状况时我必须权衡利弊。

其实我完全可以选择其他办法来应对这种状况，而且每一种从客观角度来看都是合情合理的。比如说，我可以每天在家睡觉而在白天陪着珍妮弗。我也有理由每隔一天去一次公司。我甚至还能挤出时间做些其他事，像往常一样生活。但是对我来说，选择只有一个，正确答案也只有一个。

因此，自打那天晚上，我也跟着珍妮弗一起搬进了莫里斯镇医院，珍妮弗房间里的折叠躺椅就此成了我的新床。我们每天连续不断地让珍妮弗处于除了平躺，就是补充营养的状态，只有这样才能尽可能长地延续她的孕期。一天天过去了，我们一起生活在那间病房里，感激时间一天天地过去，祈祷时间也能一天天地延长。

渐渐地，我开始对这种状况感到不适，我不能没有工作。我一直没有时间查看邮件或与公司联系，把所有工作都留给了我的长期合伙人柯克。随着日子一天天地过去，我接受了这种新的生活方式，我试着重新开始工作。我从医院餐厅借了一张桌子作为我的新办公桌，我带来了笔记本、手提电脑和两部手机。我定期安排我的一部分员工从曼哈顿飞到莫里斯镇郊区来参加每周例会。我通过电话和邮件与客户沟通商谈，几乎不与公司以外的人见面。不在医院的时候，我把时间尽可能多地留给丹尼尔，送他上下幼儿园，接送他去外祖父母家，带他去游乐场玩，或者带他去他最喜欢的比萨店吃晚饭，给他讲睡前故事。

这种失去平衡控制的情况简直可以在一个人心里留下阴影，但结果还是好的，我们的第二个儿子迈克尔最终在胎龄34周时出生。我们所有人都在这61天的时间里熬了过来，珍妮弗、丹尼尔和迈克尔都平安无事，孩子们的外祖父母都精力充沛、快乐欣喜，我的公司也没有因为我的缺席而承受巨大损失，一切运转得还不错。

虽然花费了一些时间，但最终我们的生活还是恢复到了常态。（每个家庭在迎来第二个孩子时都会颇费周折来适应一段时间。我终于明白了人们为什么说养两个孩子相当于干3倍的活！）不久之后，我便回到了家庭与工作的双重挑战之中，继续向下一个生活和事业的高峰发起冲击。

* * *

想要高效地追求毕生的事业，拥有一份令自己满意的生活和高收入的工作，就要合理支配我们所拥有的时间。时间总是有限的，我们都会有死去的那一天，在此之前每天都只有24小时。想合理利用时间，先想一想以下这些问题：

我们是什么样的人，我们想要成为什么样的人，针对我们的回答，我们该如何支配时间？

我们支配时间的方式让我们自己感到满意吗？

我们支配时间的方式有没有让我们的基本需要和渴求得到满足？

我们有没有在不知不觉中浪费了时间这一宝贵资源，让自己被动地被各种事务支配？

如果你没有被这些问题所问倒，记住时间并不是唯一有限的资源。我们的体力和耐力也是有限的——无论是工作，还是在山间骑行、辅导孩子做数学作业、修整房屋，甚至是熬夜看周一晚上的《足球之夜》或《美国偶像》；

我们的情感和韧性也是有限的——无论是应付专横的老板、照顾病人、为考证复习，或者遵循新的饮食习惯；当然资金来源也是有限的。

我喜欢那句古谚语："人类一计划，上帝就发笑。"这是我的朋友邦妮·赖丝几年前给我讲的，她曾是加州教育部长。这句话告诉我们，不要对我们能为自己的生活和时间做出完美支配而抱有太大希望。这说明，生活总是充满了各式疯狂和不可预知的事，认为我们能够控制和安排自己的时间和精力，简直就是天方夜谭。经历了我太太安胎的事，我对这种说法越发赞同。

然而，要是我们就任由日子这样一天天地混过去，对我们自身无疑是不利的。古人的意思是，如果我们努力，上帝就不会嘲笑我们。因此，我告诉自己，"疯狂和不可预知的事情"还有一个名字叫"转折点"，如霍华德所说，如果我们能经过深思熟虑后再应对转折点，必然会大大节省我们的时间和精力。

换句话说，"深入思考"可以使我们花掉的时间和宝贵个人资源物有所值。即便事情并不如我们所期望的那样发展，"按已有计划行事"也在一定程度上让我们在职场上合理地利用了时间和精力。这就是为什么霍华德坚信我们应该创建自己的精神遗产清单，让我们向着自己想成为的人和想做的事的方向奋勇前进。

同时，霍华德也提醒那些初入商界的企业家："策略只是一个开端。策略可以告诉你目标在哪儿，但你更需要的是能派上用场的战术。实际上就是由你来选择能助你达成目标的一条路。"

选择什么样的战术才是难点所在，这个选择涉及你要投入的时间、精力和金钱。选择战术真的是一项很艰难的挑战。

还记得阿波罗13号的宇航员吗？在当时，他们的目标那样单纯和明确。没有争执，没有轻重缓急，没有其他乱七八糟的目标和捷径。他们的战术方案有限，选择也是极其单一。当时他们所承受的压力比我们在日常生活中所做出选择时承受的压力不知道要大多少倍。但是在实实在在的地球上，我们在职业生涯中选择时，情况要复杂得多。要把体力、情绪、智慧等方面调动得协调一致可不是件容易的事。不过，这样做不会让我们有机会悔恨，而是会让我们变得更坚强。

很多人把这个挑战形容为可以使他们的生活保持“平衡”，他们寻求一种稳定舒适的“事业和生活的平衡”。如果你在和霍华德聊天时使用这些词，就别想让霍华德给你好脸色看了。“我经常听人说起他们生活中的平衡。”他对我讲，“他们把平衡当成了一种静止的状态，就好像他们可以随意掌控他们生活中的一切，仿佛拥有优先权一样，能让自己在任何情况下屹立不倒。我想如果你是不会动的雕像，这样做肯定没问题，可我认识的大多数人都处在不断的变化之中。他们总是不断尝试，不停地前进，在不断的努力中及时调整自己的生活重心。更何况在现实中，生活的潮汐来了又去，不断卷走他们脚下的沙子。”

“我们得把‘平衡’当作一个富有动态的动词，而不是静态名词。”霍华德的想法是这样的。

“那么，”在了解他对静态平衡的不满后，一天我问道，“平衡这个词太过于含糊，有没有更好的比喻？我们每天追寻着职业满意度，有没有一个清晰的图画来表达这种状态？”

他想了想，得意地笑着说：“就像在奥运会参加平衡木比赛的同时拿着鸡蛋、网球或小刀在上面玩杂耍。”

“这个回答可真是精确得有点儿怪。”我回应道，“为什么是这样的呢？”

“原因是，”他回答，“要想做好每一个战术抉择就需要非常全面的技能，保持平衡的时候要极其专心，不能被其他事所干扰，还要勇敢地一步步向前走，无论怎么看这都是我们一生中要面临的挑战。”

这个隐喻可不简单，不是吗？但我实在想象不出其他更能稳妥地形容我们生活中的复杂性的表达方式了。这个比喻或许能更好地表达出在努力打拼的过程中，我们所应对的无限变化的现实，表达出这种变幻莫测的现实走势、影响、权重变化。

我们每天都生活在一根平衡木上。举个例子来说，一位年轻的父亲在发展事业的过程中需要在工作以外的时间多与同事和客户打交道，他需要在稳固事业和陪伴家人之间找到一个平衡。正处于事业上升期的企业女负责人在处理繁重的工作之余还要拿下在职MBA学位，同时她也需要花上大量时间去认识了解她未婚夫的朋友和家人。一个小伙子得到了一个高薪项目，但需要出差两星期，没人会想到这会让他错过两次家教课程，会让他辅导的那个小孩子的努力前功尽弃。还有他的同事，一个姑娘也在这个项目中获得了一席之位，但她为此却要错过好不容易争取来的在当地戏剧剧目做主演的机会。别忘了还有第三个同事，一个有着遗传糖尿病史、体重超重的家伙，两周的出差会打乱他刚刚开始适应的饮食习惯和运动规律。

在生活中，追求理想、努力做一个完人都让人备感压力。这个过程让人身心俱疲。在当今这个文化氛围中，无论在回复朋友短信还是回复客户邮件时，你都希望自己可以做得无懈可击；时时刻刻都要提醒自己做一个好妈妈、太太、姐妹、女儿、认证会计师、瑜伽学徒、教会烘焙义卖会组织者。我想起莉莉·汤姆林（编者注：好莱坞女星）曾说过的一句名言："与老鼠比赛的问题就是即便你赢了你也还是老鼠。"也就是说，激烈卑鄙的竞争毫无意义。我们面对的挑战就是做到生活事业两不耽误，未雨绸缪，避免陷入无意义的竞争之中。

不管是应对家庭危机还是追求充实圆满的生活，我们每个人都应该拓展掌握平衡的能力，这对达成人生目标是非常必要的。因此，在我太太和新生儿回到家之后，我又回到了朝九晚五的工作之中（同时还要兼顾写书），这段经历在日后为我和霍华德带来了新的谈资。

一次我们边走边聊，说起在平衡木上玩杂耍这个比喻，我问道："保持平衡应该是什么样的？当我们行进在事业的平衡木上的时候，我们怎么知道我们的做法是否正确？”

“这太简单了，艾瑞克，当你在身体、情感、智力、财力各方面感觉支配自如时，你就实现了平衡，因为你的能量罐都填满了充足的补给。同理，如果你没有实现平衡，你会发现其中一个能量罐空空如也，另一个也岌岌可危。”

“能量罐里的补给也不会总那么充足。很多情况下，你都会有一段低谷期，感觉失去了能量。比如我在犯了心脏病之后身体状况就大不如前。但是，还好我的情绪和智力能量罐里的能量满满的，它们在恢复治疗的过程中助了我一臂之力。”

“那杂耍呢？”我问。

“大致来讲，杂耍就是玩转我们的人生，面面俱到。任何人为自己制定了怎样的标准，都应该未雨绸缪。用我以前的话讲，当我们玩转一切时，就如同我们按照自己的意愿把自己的人生拼图拼好了。但是这带来的是一般的成就感。”

说到这儿，他停下来，给我几分钟去理解他最后说的这句话。“一般的成就感意味着虽然你感到很知足，但这并不是一劳永逸。这点很重要，生活总是潮起潮落，期望值越高，失望值也就越高。对我而言，我从不奢望能有百分百的快乐，但每天都有让我快乐的理由。我不需要在每次竞争中都胜出，我的成就感建立在赢得那些真正有意义的竞争上。而且，我的未雨绸缪也从未让我停下前进的脚步。”

第二天，在我参加完会议后，收到了霍华德发给我的一封邮件：

关于昨天的谈话我又有了新的想法……19世纪的画家埃德加•德加说过：“波澜不惊也是一种成功。”我们总是拿“成功”的人生需要付出加倍的努力当借口，不去关心周边发生的一切。我们这样疲于奔命，还沾沾自喜，但有时你会停下来想：“我到底在干吗？”因此还有一种判断你是不是正确保持平衡的办法：坐下来想想为什么你要用现在这种方式耗费时间和精力，你到底想得到些什么。

霍华德所讲的玩转平衡点这个理论在我脑海里挥之不去。一天吃午餐时，我向他求教能不能将这种理论解读得更深入一些。“上次我们聊起合理分配这个话题时，你说我们每个人的个人维度和标准都不同，这怎么讲？”

“好的，让我们聊聊这个问题。”他随手抓了一把黄色砂糖袋在桌上把它们依次排成7列。“在生活中，我们需要权衡的个人维度有很多。在这里，一包糖代表一个方面，我想这7个方面就能代表我们大多数人的个人维度，虽然每一项在不同人身上所占比重不同。”这7个方面分别是：

1. 家庭（包括父母、孩子、表亲、姻亲等）

2. 社交（包括友谊和社区工作等）

3. 精神（包括宗教、哲学、情感观）

4. 身体（包括健康和福利）

5. 物质（包括目前你所拥有的一切）

6. 兴趣（包括业余爱好和兴趣）

7. 职业（包括短期和长远的规划）

你可能注意到“金钱”不在所列范围之内，因为这一项已经包含在某一项的维度之中了。

“每一项都对应3个问题需要你去回答。”霍华德继续道。

“我想成为什么样的人？”

“在某项个人维度中我想投入多少精力？”

“这一个人维度又和其他维度有什么样的重要关联？”

“你的答案会指引你做出平衡的决策。”

“你的选择决定了你将如何把你拥有的资源分配到各项个人维度中，对吗？”我问道，“在平衡的过程中，根据你对不同方面的重视程度，可以帮助你更明智地合理分配时间、精力和财力？”

霍华德点点头：“这是一个不断循环的过程，是在动态发展中不断改进的过程。有时靠的是直觉，就像我们走在街上时我们的腿和躯干会本能地为我们保持平衡。当你面对一个突发状况时，失去平衡会表现得更加明显，这就需要你加倍集中精力。比如，在攀岩的过程中你要停下来看看上方，然后告诉自己，下一块岩石是向下倾斜的，我需要让自己先尽量贴紧这块石头，然后快速将自己的重心转移到右边那块平滑的石头上去。”

“好吧，”我继续说道，“这些糖袋代表个人维度，那每个维度下的重点又怎么分呢？”

霍华德又抓了一把蓝色的糖袋把它们依次摆放在黄色糖袋的下方。有的黄色糖袋下面对应着几个蓝色糖袋，有的下面只有一个。“这些维度有着自己的分类和重点。”他解释道，“比如，在家庭这个维度我放的糖袋代表了我作为父亲、丈夫、祖父、兄弟等这些角色。同理，在社交这一类我也放了一些代表我所看重的角色，如好友、同事、董事会成员之类的。”

“生活越充实的人所拥有的蓝色糖袋就越多。”我提出，“这太贪婪了，这种追求是无止境的。”

“这样生活才充满乐趣和挑战嘛。”他笑着说。

我们继续着我们的话题，谈论着摆在我们面前的代表我们个人维度和重点的这些黄色和蓝色小包装。我不想让我的读者们把时间浪费在讨论健康话题（不过霍华德认为，我们应该多抽些时间锻炼下身体）和兴趣爱好（在这点上霍华德一直做得很好，而我还需要努力）上。

但是，霍华德对于职业这个维度的重点定义是很有趣的。“日常工作在每个人合理分配以保持平衡的过程中所占比重都很大，这是毫无疑问的。然而，人往往会忽略专业技能和其他职业素养在工作中发挥的作用。”

长话短说，在我们对自己高标准严要求，渴望获得特殊技能或拓展职业方向时，这个重点就成为了合理分配以保持平衡的一部分。比如，你的工作要求你通过一种特殊的软件认证考试，或者获得注册会计师的资格，甚至是参加一门公共演讲培训课程来强化你的沟通技巧。当你想投入更多精力，花更多心思去增强你的薄弱环节，比如当你想变得更有规划性，或者你想克服自己的内向性格，又或者你想更高效地安排自己的工作时，我所强调的那种原本被你忽略的重点就变得非常重要了。

在说到这些工作维度的重点时，霍华德强调它们都不仅仅和我们在日常工作中投入的时间多少有关系。“这还与我们当前的工作和长远的人生规划有关，我们要就此合理分配我们的个人资源。”

工作维度的重点也需要长远的规划：你希望将来在生活里参与什么样的职业活动。“人这一生，”霍华德点评道，“一旦进入某种行业可能就会在这个领域干上一辈子。有些人的确会在他的领域大展宏图，但随着社会和经济发展，很多人需要在生活中另谋发展，有些是因为所从事的行业的整体萎缩或者消亡，有些是自己想要另辟蹊径。逐渐地，人们都希望能拥有多种职业技能。要想走最少的弯路获得成功就要提前做好长远之计，并做好计划间的过渡。如果仔细规划，哪怕是只付出很少的时间和精力也会让你收获颇丰。但是，不要忘记考虑你的能力、技能以及你所能做的短期选择。”

历经40载的职业生涯，霍华德的专业头衔包括“商学院教授”“高校管理者”“企业高管”“财务总监兼投资人”“慈善家”和“作家”，这6项头衔虽是不同的社会角色，但彼此间却有着千丝万缕的联系。有些角色是他一石二鸟获得的，有些则是在不断努力中循序渐进地取得的。他对社会角色的选择都是建立在他的两个志向上的——专业而且真实。这两项技能是他希望获得和发展的，能使他不断在新的领域发光发热。

“你一定要根据自己终极的人生目标来统筹那些短期和长期的工作维度的重点，要对自己职业发展路径的方方面面有全面的认识和规划。”霍华德说，“这听起来可能有点儿‘那当然’，但几乎没有人会在初入职场时就做得很到位。对我们来说，在工作中获取经验并看清自己就像是剥开洋葱的表皮一样循序渐进。因此，我们需要全情投入到这个探索过程中去，并将自己的实际知识运用到确立精神遗产观和合理平衡的决策中去。”

我们吃好午餐后，服务生端来咖啡，因为桌上摆满了糖袋，他礼貌地将袋子一包包放回到容器中，为咖啡杯腾出地方。“先这样放着吧。”霍华德对他说，又把一包包的糖按照刚才的位置和顺序摆好，“我们把杯子放在边上就行。”等服务生离开，我看着霍华德，笑了起来。

“还有一点，”他说，“我们这位可爱的服务生完美地诠释了这一点。”他啜了一口咖啡，继续说，“如果你不能理清这些个人维度与重心的方方面面，你也无法做到合理支配并保持平衡。虽然它们之间是有联系的，但不同方面之间各有其特点。”

“要把一切混为一团是很简单的。如果你这样做了，你之前在时间和精力的分配上所做的选择只能前功尽弃了。”

“这有点像是‘不识庐山真面目，只缘身在此山中’的反面。”我接着道，“在这件事上，你找不到树与树之间的路径，因为你能看到的只有一整片巨大、阴森、无法穿越的森林。”

“形容得好。”他说，“我们总是习惯把所有挑战攒到一起，最后导致这比各部分的总和更难搞。当我们感觉失去平衡了，或是把手里玩杂耍的工具弄掉了时，就把挑战分成不同的部分来处理，以防最后所有问题攒到一起让你无从下手。”

“当我这样做时，我常常发现这种小小的转变就可以为我合理利用资源带来巨大的转变，这让我感到非常满意。”

* * *

我们这些在生活中走在平衡木上的人，都希望自己能够掌控权利、渴望和需求。它们之中有些就像是网球，处理起来易如反掌，即便掉在地上也不会有任何消极的影响，这其中的挑战仅仅是同时能玩转多少个球。有些却像鸡蛋，很容易处理，但却非常脆弱，因此我们不能同时处理得过多。另外，我们还会遇到像尖刀、保龄球或者易碎的水晶玻璃瓶，类似的种种趣味十足、充满挑战但实际却暗藏危机的道具。

了解你是什么样的人，你五花八门的“私利”和“重心”组成的方方面面会帮你做出更清晰正确的选择。这种选择不是一次性的，你不能说：“我已经考虑好了，也做好了准备，现在我要上平衡木了。”合理运用你的时间、精力、智慧和情绪的过程是永无止境的。你不能一次性做好所有安排，然后被动地等待一切合理运转，当然你也不能有不切实际的期望。

合理支配并保持平衡要求我们在兼顾手头事的同时做出清晰并具有遗赠意识的决定。因为生活里有无尽的发展可能，玩转人生靠的不是我们在平衡木上走得多远多快或是我们手里有多少物件，而是靠我们在实践过程中获得了什么样的知识。

嘉宾故事：索莱达·奥布赖恩

我简直筋疲力尽了。

好吧，我指的并不是真正意义上的筋疲力尽——我是在听了别人超级繁忙的工作生活经历后，想想那种忙碌就觉得很累。

一切的起因是我与索莱达·奥布赖恩的谈话。她是一位备受尊敬、获奖无数的新闻主持人兼特约记者，同时她还是纪录片导演、作家、慈善家、妻子和4个孩子的母亲。其中任何一个身份都够让一个人忙活的，更别提索莱达是同时兼备这些身份。她是怎么做到的？我不知道。我曾为自己的有条不紊而沾沾自喜，但当我了解了索莱达的时间表，知道她是如何规划自己繁忙的工作生活，尤其是这样天天20个小时连轴转的生活后，我不禁怀疑在她的字典里有没有“繁忙”这个词。

正好我们有一次聊天的机会，我有好多问题想问她——从作为一个成长在长岛这个白人世界的、具有澳大利亚和非洲血统的古巴裔混血女孩，她有什么感想，到她参与报道卡特里娜飓风、东南亚海啸和中东战争的经历，到她同丈夫布拉德一起创建的旨在帮助年轻职场女性面对挑战的基金会。但是为了不给她繁忙的生活添乱，我把问题压缩成一个最重要（也是最显著）的话题：她是如何将如此繁忙的生活打理得井井有条的？她的丈夫布拉德是一个工作忙碌的银行投资家，他们二人是怎么平衡各自在职场、家庭和社会中的角色的？

“首先，我认为一颗平常心可以影响我们的世界观。如果人们能为他们所拥有的机会或特权而感恩，就不会去浪费时间和精力。只有当你看到别人的生活有多难的时候，才会明白知足常乐的道理。这个想法是从小我父母就灌输给我的。举个例子吧，小时候我们全家外出度假住在高档的酒店里，我父亲总会带我们去服务人员住的地方走一走，看看这些给我们创造了舒适环境的人的生活是什么样子的。如果我们去纽约城购物，他会先带我们去下城穷人聚集的包厘街，让我们知道还有很多人穿着寒酸。

“布拉德和我也想采取这样的教育方式让孩子们明白在理想与现实之间拥有一颗平常心是多么重要。我去海地采访时也带上了我的孩子们。这样他们每天就可以亲自了解与他们同龄的孩子生活在怎样艰苦的环境中。这样的经历让我们明白汽车抛锚或丢了贵重的东西算不上灾难，海啸才是真正的灾难。

“我认为保持平衡不仅仅意味着在每件事上投入多少时间，而是你如何投入时间，如何利用时间。我母亲是一名全职教师，即使工作繁忙也没耽误她拉扯大6个孩子，而且她比我还要顾家。不过比起我父母，我陪伴孩子的时间更多一些。有时是大家一起做游戏，或者在地板上打打闹闹，有时则有比较明确的目的：陪想去医院看望生病儿童的孩子一起去医院，陪想打棒球的孩子一起打球，给想坐在你腿上听故事的孩子讲故事——布拉德有时会带两个女儿一起去过周末，而我则带两个儿子一起。制订和遵循这些计划是我们家庭‘守则’的一部分，就算我们忙得不可开交，也不能打破这个惯例。”

我问索莱达还有没有让他们保持生活中各种平衡的其他规则，她想了想，笑着说：“规则一，双方一定要多为孩子考虑，我们不能同时崩溃。这意味着无论我们在事业上遇到什么样的打击，都不能让孩子们受到影响，我们也许会把面临的艰难状况告诉他们，但我们一定不能让他们有挫败感。这也意味着一旦我和布拉德之间出现什么问题，我们一定要各自退一步，一定要有一个人主动让步，做另一个人坚定乐观的伴侣。

“规则二就是相信没有事情是不能商量的——世界上没有解决不了的问题，所有的不同意见或事情都可以拿到桌面上来谈。这在做长远计划的时候尤其有用，把眼光放得远一点，问问自己：‘一年或十年后会是什么情况？’

“还有最重要的一点：每个人都是平等的，每个人都有发言权，每个人的想法都必须得到尊重。我们都参与重要决策，我们也都有权拥有快乐，拥有说‘这对我真的很重要’的权利，并且让其他人接受的权利。很多时候，这意味着我和布拉德必须放弃一些我们想要的东西，但同时也意味着在特殊时候，家庭并不是摆在第一位的。大家都知道，一旦有重要的新闻事件发生，我会不顾一切地投入其中，因为做好我的工作对于我来说实在是太重要了。

“最后一点就是，一定要有责任心。不管你决定做一件什么事，大事还是小事，要花上你几分钟还是几天，一定要保证坚持完成。一旦人们意识到可以信任你，他们就会更安心，你的生活自然而然也就平衡了。”

她顿了顿，继续说道：“你问我为什么能把时间安排得井井有条，如果答案只有一个，那一定是出于社会、公司、家庭的，还有我自己对自己的信任。对我来说肩负责任是非常重要的。也许我没法永远保持这样的效率，但只要我还可以做到，我就要尽可能多地履行承诺。”

MY LAST CLASS
AT HARVARD

第5章
衡量价值的必要性

如果你只想要一杯橙汁，为什么还要花时间榨一加仑葡萄汁？

在如今人人都急功近利追求成功的大环境下，越来越多的人认为只要肯去做，我们就能做成任何事。换句话说，我们信奉能力无极限。即使明知每天的时间都是有限的，我们还是坚持认为，每天、每月、每年我们都有能力做成更多的事。我们告诉自己，科技的发展让我们如虎添翼，只要一心多用，多方面齐头并进，我们就能左右逢源，处处开花。

其实，这并不是互联网时代催生的新现象。我们的文化不会因为谷歌的出现和iPhone的诞生而突然转变。我们总觉得如果我们不努力奋斗、做更多、做更好，就会被别人超越。这种思维方式在几十年间不断滋长，科技只是推波助澜罢了。

霍华德也深入思考了“我们还能做更多，也能做得更好”这个文化现象，尤其是这种文化倾向已经开始影响他的那些得意门生，这些人正雄赳赳气昂昂地想要闯出一番事业。他在自己的书《恰如其分》里聚焦了这个问题。在这本书里，霍华德作了广泛的调查，他想看看那些成功者把自己的职业生涯、财政状况和个人雄心壮志定位得到底有多高。霍华德和他的合著者劳拉·纳什细数了在任何情况下都全面、完美地完成所有的人生计划可能带来的风险和陷阱。他们认为，“我们还能做更多，也能做得更好”的文化心理主要归咎于所谓的“名人文化”。

在名人文化中，成功本身被美化了。新的成就没有赢得掌声，只是被当作超越的目标。名人文化让人想到神话故事里的西西弗斯（被惩罚一生都推石头上山）和丹达罗斯（他的目标永远遥不可及），现在这种神话寓言有了现实版：我们不断谋求，可我们追求的东西总遥不可及，这让我们像推石头上山一样白费力。量力而行、轻松过日子、知足似乎永远不会出现在名人文化中。就像《恰如其分》中所说的，为了自我成就我们都把自己看作无所不能。

“除此之外，”霍华德补充说，“我们总是胡乱攀比搞得自己不开心，总有人走在我们前头，我们总能找到攀比的对象：总有人比我们更漂亮、更有钱、更健壮、更有趣；总有人更适合做家长、配偶，甚至有人还能全面发展。如果我们用名人文化的标准要求自己，比赛还没开始我们就输了。”

我也不免受到了名人文化的影响，也没有抵抗住“永远不够好”对我的潜意识的侵袭。在我全家人受到那段在医院“趴窝”的煎熬时，我甚至还沦为了这个观念的牺牲品。虽然那段时间我从来没有质疑过自己合理安排时间的决定：珍妮弗、丹尼尔和未出世的迈克尔排第一，其他事情都靠边，但我还是发现自己在面对没有按时完成的事务时会感到焦虑。我想，如果我能再稍稍加把劲，再付出一点点努力，也许也能有更不错的收获。这本书，还有我对霍华德的一片感激之情也是造成我焦虑的原因之一。在医院住的那段时间，虽然我在夜间有时间写书，但还是感觉心有余而力不足。在那段时间我所担任的角色只是一个丈夫。

在我太太在医院待了大约1个月后，这种希望自己无所不能带来的焦虑情绪在我接到霍华德的一个电话时全面爆发了。我完全失去了思考能力，只知道不断地向他表达歉意，因为我这本书的进度严重滞后了。“我知道我现在不应该把精力放在写书上，我也知道这不是我的错。”我说，“但我还是觉得很抱歉，我不想让你对我感到失望。”

“我知道。”他带着深深的理解非常大度地回答，“你的确是一个可以胜任一切的男子汉，你非常容易陷入到这种想法中，并且是无意识的，认为你可以把一切都完成得很好，即便是现在这个非常时期。我长话短说吧。”他故意放慢了语速，“别因为我的缘故而感到焦虑，也别再做完美先生了。”

“什么意思？”我问。

“艾瑞克，我知道你听懂了，但我还是要重复一遍，因为在忙碌的生活里这句话太容易被我们抛在脑后。”然后他向我提起了我们在散步会议间的一次对话，“在校时各门成绩保持A是很合情合理的，因为学校的分级系统很合理，只要具备合理安排时间和精力的能力就能拿高分，但生活不是课堂。我们不可能时时刻刻在每件事上都拿高分。我们的生活太复杂了，有很多事我们不能面面俱到。这也是宇宙的物理定律，就好像你不能同时在两个地方出现一样。”

他一边大笑一边继续说道：“对于一个进取心很强的人来说，没有比意识到自己的目标需要依据实际情况进行调整，更让人沮丧的了。”

霍华德的话让我想起我曾经希望自己拥有超能力的念头，比如克隆自己，拿1分钟当120分钟过，和家人、同事、朋友之间能用心灵感应进行沟通。我还想起我的一个朋友，相当于社交网络发展之父的沃伦·亚当斯曾找我抱怨，即便他已经是一个成功的商人，他还是说：“艾瑞克，每天早上我醒来时都会想我今天会不会对自己失望。我觉得我这种心态跟26岁刚拿到研究生学位走出校门的年轻人或43岁的同时要兼顾家庭事业的女性没什么两样。”

霍华德继续在电话中阐述他的意见：“我们必须接受我们不能顾及全局的现实。我们不能实现所有的目标，也不能让每个渴望都得到满足。我们越快接受这个现实，就越能少走弯路。最终我们都会意识到，要想获得满足感，就要接受我们在事业和人生理想的追求上的确能力有限的事实。”

他的声音听起来像父亲一般慈祥："就你丈夫和父亲的角色，鉴于你长期以来的不懈努力，我给你打A+的成绩。我给你的工作打C+，虽然你的公司经营顺利但总不见有什么大起色。即便见不到你这个人，我也要在照顾自己这个方面给你打个D，你的声音听起来疲惫不堪，我想你很久都没有去锻炼过身体了。而就好儿子、好朋友和作家的角色，我给你写上'未完成'。目前你已经没有时间和精力去顾及这些事了，但等你的生活回归正轨后，你会有很多机会去补偿。"

我沉默了，静静地消化着他所说的这些，然后问道："那么，你又给自己的人生打多少分呢？"

"这个问题很有意思。"他沉思了一会儿，"在个人维度我不会要求自己拿A的成绩。A这个分数有时其实并没有太大用处，追求事事完美要付出难以想象的巨大代价。你现在就在经历着拿全A的代价。"想到自己为了当一个好丈夫和好父亲不得不在其他方面付出的代价，我表示同意。

"如果概括来说，"他说，"我希望我能拿一个漂亮的平均分。至少我不想在任何事上拿F，因为要是我能在一件事上接受一个F的坏成绩，还不如干脆放弃做这事。"

他停了停，继续说道："如果是总分嘛，我希望我生活的所有方面的平均分能拿到A-或B+。这个决定是很公平的，因为一个全面发展利弊、均衡的人一定会有很多兴趣和追求，在我们投入更多精力的某一方面和其他方面之间一定存在着反比关系。"

"因此，你选择了一个不用逼自己太狠就能拿到的不错分数，这样就能有精力去追求更多的目标。"我补充说。

"是啊，现在生活压力这么大，我们不能对自己太狠了，拿个A-或B+的平均分就已经很不错了。"霍华德说，"我认识的很多人不屑于拿A之外的分数，作为一个数学家，我可以告诉你，这些人永远没有拿到他们满意分数的那一天。这些人迟早会因为失衡而跌倒，有些东西是他们玩不转的，是会从他们的指尖溜走的。”

“如果在取舍上，他们能明智点，这根本不是个问题。”我说。

“问题就是，他们学不会！”他说，“他们无法接受自己并不能做到事事完美的现实，他们认为一切都理所应当是完美的。他们选择了不选择……”

“可生活最终为他们做出选择。”我替他下了结论，“当他们注定要失去一些东西，他们珍重的东西，比如，当一段感情或者一直以来的一个梦想注定要成为牺牲品时，我们的预言才会被相信。”

“你懂了。”他说，“我们在生活各方面追求的打分就是一种做选择的过程。要取得平衡上的成功，就要做出清楚明确的选择。如果只为追求得到A的分数而不去想想不做取舍而要付出的代价，那就……”他的声音弱下去突然爆出一阵大笑。

“有什么可笑的？”我问。

“与其说好笑不如说是讽刺。”他说，“我给一个十分善于取舍的人讲这些简直就是多余。现在你最不需要做的事就是听讲座。”

“其实不像是听讲座啦，我也不觉得这是多余的。”我说，“做选择和学着适应这种注定的不完美，是两件完全不同的事。”

“这个说法很睿智啊。”他答道，“看来这次谈话后你的生活马上就能重回正轨了。现在，挂掉电话，去外面散散步，让冬日里的寒冷空气给你醒醒脑吧。”

* * *

2011年7月，霍华德结束了在哈佛商学院的教书生涯，这是他自己选择的。“虽然我的精力还够用，但我已经70岁了，是时候让贤了。我一直觉得人生中最重要的课程之一就是知道自己该在什么时候‘完美谢幕’。现在就该是我谢幕的时候了。”

学校通过多种方式纪念霍华德的离职，包括成立霍华德·H.斯蒂文森商业管理学院，这在哈佛意味着非凡的荣誉。在答谢晚宴上校方宣布了这项决定，很多霍华德的朋友和同事都在晚宴上表达了对霍华德为他们和学校所做贡献的感激之情。这些人中的一位，前哈佛校长杰伊·莱特谈到霍华德在这些年里所展现的卓尔不凡与兢兢业业时，感慨他是一个拥有如此多激情的人，包括他在教学、研究、写作和领导企业以及为一些非营利组织如国家公共广播电台和环境保护组织所做出的贡献。“霍华德就像是一个永不知疲倦的充满能量和智慧、一直照耀着我们的发光体。”杰伊·莱特说道。

霍华德的确像大家所形容的那样，在勇攀高峰上拥有孜孜不倦的精力与活力，但他也不是超人。他无法改变时间和空间的定律。他也要为如何合理分配他的体力、情感和智力而做选择。我最佩服他的一点是，面对生活中或大或小的挑战，他总是能很合理地统筹兼顾。

举个例子来说，几年前，当我第一次要做父亲的时候，等待新生儿的诞生的过程中，我压力很大。霍华德给我讲了他创业初期时所做的一次选择。“当时我的孩子还小，我刚刚成立了‘鲍勃斯特集团’（由霍华德创办和发展的史上最成功财务管理集团），所以在父亲的这个角色上我大概只能拿个B-或C+的成绩。我总是下班很晚，经常出差，在孩子的成长过程中我真的没有完全尽到一个父亲应尽的责任。在这种情况下，我的妻子和我还是决定以为家庭创造良好收入为主，但同时我也下了决心，只要我在家，就绝不会让分毫小事分散我对家人的注意力：他们是我优先考虑的对象，我要尽可能地负起责任来。我还给自己规定：无论我在做什么，看书、听音乐还是打扫车库，只要我的孩子有需求，无论是让我帮忙修理玩具，还是辅导功课或是谈心，我就要立刻毫不犹豫地停止手头上的一切。我相信对他们的需求立刻做出回应所包含的巨大情感价值回报，远比我一直在做的事要大得多。”

用情感回报定量评估的方式与自己的孩子互动，听起来好像很缺乏人情味儿，但是霍华德是我见过的感情最充沛的人了。他只是将他的特长之一——清楚的逻辑思维能力，运用到他生活中所面对的最重要的挑战中去：在短期内要让孩子的需求得到满足，同时也要提高自己的专业满意度，保证长远的家庭生活财政安全。这也是每一个非全职父母都要面对的挑战，霍华德的这种定量回报其实就相当于坐下来问问自己："我想成为什么样的父亲？我该如何完成这个目标？"然而，由于已经做好了充分的"准备"，他发现这些事情做起来并没有想象的那么难，而且孩子们与他之间的关系发展得更为亲密。他还将这种方法运用到工作和生活的其他方面中去，事实证明这种方法很好用。孩子们与霍华德成了朋友，我发现他们与霍华德的感情相当好。他的孩子们(包括12个外孙)与他亲密无间，这种亲昵的感情就像是与生俱来的。

在那之后的一年，在他40岁那年，他的事业遭受了沉重的打击。霍华德面临着来自家庭和事业两方面的双重困境，他要做出更艰难痛苦的抉择。一天，霍华德的妻子突然离家出走，抛下了霍华德和他们的3个孩子，虽然极度绝望，但霍华德还是决定要振作起来，恢复他跟孩子们生活的平衡。6个月后，离婚协议生效，霍华德自此成了一名单亲父亲。

"当时，我把时间、情感和智力的精力用在3个方面：家庭、哈佛，还有我的第二职业鲍勃斯特集团。"几十年后，几杯酒下肚，他给我讲了他当时的经历，"离婚之后，我必须把投入在事业里的精力分一大部分出来给我的孩子。生活就是这样，有得必有失。"他放弃了在鲍勃斯特集团的掌门人角色，选择了留在哈佛。人们可能觉得在哈佛教书是很光鲜的，但霍华德当时并不这样看，选择离开鲍勃斯特集团让他感觉很失落。他放弃了他所热爱的事业，放弃了日进千金的收入。他离开了这个由他一手创建和培育的企业，但事后，他竟然觉得很释然，因为这样他可以花更多的时间去培养他与他3个孩子之间的感情。

“当时我只想做一个好父亲，这种想法持续了很久。”他解释道，“我无法放下我在家庭中所扮演的角色。当然，离开鲍勃斯特集团让我的荷包空瘪了不少，但这样我才有机会多陪陪孩子们，从孩子们那儿获得的感情互动让我觉得一切都值得。有钱是好事，我们当时的确过得很拮据，但是一旦跨过了满足‘基本需求’和填满‘欲望’之沟的那道坎儿，能多陪陪孩子的价值在我这儿就压倒了一切。”

你有没有注意到，霍华德在分配他的时间和精力时，用了“价值”这个词？这是他精心挑选的一个词，因为他早就意识到在生活中，我们做出选择时，是要付出代价的，而衡量我们这么做到底值不值的唯一方法，就是比较不同选择对于我们个人的价值。

歌手露西·凯普兰斯曾在她的一首歌《当一天结束》中这样唱道：

“这到底值多少？你又付出了多少？当一天过去时，你可曾悔恨？”

对我来说，这句歌词虽然简单但却意义重大：眼前我们欠缺考虑的决定是否在将来让我们付出巨大的代价？“一天结束”之后我们再回头看看，我们的这种投入是否值得。这样看来，凯普兰斯的歌词恰当地解读了霍华德“从终点开始”重新分配自己时间和精力的理念。

霍华德关于生活平衡分配的定义就是永远别用空你的能量补给，强调了在顾及生活方方面面时为选择付出的代价（对能量的消耗）与个人平衡能力之间的直接关系。这就是为什么霍华德经常提醒我：“别忘了经常问问自己动手榨果汁值不值。你为选择所付出的时间和精力是否物有所值？”

这种果汁论又是霍华德式的特色比喻，果汁一定要现榨吗？实际传达了两个意思。首先，确定你在为一件事投入时间精力后会有什么回报，还有你为什么要这样做。其次，假设这项产品真的值得你投入，那就把目标定得更远一些。因为你对第一个问题的回复可能是：“通过努力我收获了一加仑（约为3.78升）的葡萄，但我要把它们榨成果汁，因为我很渴，我只想喝鲜榨果汁。”

对第二个问题的回复可能是："我喜欢喝橙汁，一杯就足够了。"在这种情况下，霍华德会说，三思而后行可以避免走弯路！

现实中有很多把鲜榨果汁的比喻付诸实践的方式。其中一种方法就是充分考虑成本及价值是否与你野心勃勃的目标成正比。比如："在我35岁时成为公司的合伙人会让我付出什么成本？要是事不遂人愿，我的这个目标只能在45岁时实现，我又该怎么确定这个成本呢？我在追求什么利益呢？在35岁或45岁时达成了目标的我又会有什么更新更长远的目标呢？"

在追求个人目标时类似的问题总是会反复出现。比如有人在赢得竞争激烈的教堂执事工作之后突然放弃了，或是长年投身于国标舞的训练却突然中途退出了。这些人在事业、家庭、金钱方面的投入，与他们未来将收获的满意度会是等价的吗？

"不要因为害怕了解真相，就不去问问题。"霍华德总是说，"坐下来，对自己说'现在就我们俩了，让我们彼此坦诚一些吧。'我可以保证你感情精力的投入是绝对值得的。"

* * *

"今天的问题是'合理分配时间和精力所做的明智选择是有成本的，对于这成本你怎么看？你可以坦然处之吗？'"霍华德站在教室讲台前，假装对着一屋子的学生讲课。其实早在一小时前就下课了，这是霍华德在所有学生离开教室后开的一个玩笑，现在这屋里除了他就是我了。其实这项课程是霍华德推出的一项题为"在人生框架下构建你的事业"的综合课程，不用想也知道这是商业学院的一门新型创意课程。比起在刮着西北风的校园里边散步边探讨，教室里无疑要舒服得多，更适合我们继续探讨刚才课堂上关于高效创收和平衡选择的话题。

“你知道的，艾瑞克，作一些选择很简单，即便成本和由此引发的后果难以想象。做另一些选择则很难，因为所有的选择都有着相似的价值，或好或坏。还有些选择……”霍华德露出了尤达大师一般调皮的笑容，“是因为我们没认真做功课，所以才让自己陷入进退两难的地步。”

“做功课？”

“你懂的。”他回答说，“权衡利弊，做出最佳选择就像是代数考试中的解方程。做正确选择特有的公式，只要你认真做过功课就肯定会觉得易如反掌。”霍华德从前是一个数学家。

“好吧，给我布置‘作业’吧，斯蒂文森教授。”

霍华德抓起一支蓝色记号笔开始在白板上涂画起来。“学海无涯，包罗万象啊，这个道理你一定懂。最重要，也是需要你不断更新的任务，就是要把你的精神遗产观，你最重视的个人维度当作你做某个特定选择的前提。”

“因为，如果你只想要一杯橙汁，为什么还要花时间榨一加仑的葡萄汁。”我插话道。

“老天爷，看来这些年来没白教你！”他大笑起来，指着白板上画的图形说，“一盎司（约28.35克）黄金和一盎司的铅拥有同等重量，但它们的内在价值却并不同等。同样，花上一小时和你女儿谈心的价值绝对和与朋友打一小时篮球的价值不同。同理，花上一小时准备职业技能考试的价值也与参加一小时的义工活动或重新油漆车库不一样。”

“是商品市场决定了黄金、铅与铀的不同价值。”我提出来，“而如何确定你自己的一小时时间的价值则完全由你自己决定。”

“再给第三排的这位先生加一分。”他打趣道，“你为合理分配时间所做的任何选择都应与你的精神遗产观相契合，这就是选择的内在价值。但是正如我们说过的，最艰难的选择通常都出现在那些表面看起来价值类似又决定了你未来走向的选择上。这就是为什么要提前做好功课，这有助于我们认清作每个选择时要付出的代价，并由此分析出其潜在的短期价值或长期价值。”

霍华德转向白板，补充了一系列关于选择的命题。我静静地坐着，看着他辛勤地工作，突然觉得跟着他的思路思考那些由他提出的命题，看他用精妙的表达方式将他的思想写在白板上，并能定期对这些内容进行巩固，是一个多么美妙的过程。过了大约10分钟之后，他盖上笔盖，坐下来，这样我们都能看清楚他所写的内容：5个命题，每个都展开了一段简洁的分析。然后他带我走进了这些理论之中。

第一个命题是“区别需求与欲求”。我们曾经不止一次讨论过“需求”在我们生活中与“欲求”并驾齐驱，我们所做的一切都是为了满足需求，并为欲求分配合理的时间和精力。霍华德解释道：“大致来讲，满足需求比满足欲求的内在价值要稍高一些，有的时候选择到底涉及需求还是欲求很明显。对我而言，定期抽出时间来给你充电就是一种需求，但去大溪地（澳洲海岛旅游胜地）花上4周时间度假就是一种欲求。辛勤工作是为了让自己有地方可住这是一种需求，但两班倒地拼命挣钱买这个区最大的房子就是一种欲求。”

“所以这个命题的目的在于阐述你的选择是以需求为主，还是以欲求为主，或是介于两者之间。”我总结道。

“是的，但是，”他试着表达他的观点，“我们大多数的选择都可以明确地划分到需求和欲求的任何一类。或者是基本的衣食住行和健康，或者是钻石项链、环游世界，还有高楼大厦。最让人难以抉择的是介于需求和欲求之间的。在这些选项中欲求与需求是密不可分的。比如，我的一个朋友不开心，因为她没有每天拿出时间弹钢琴。这对于她来说是不可或缺的一部分，就是需求。还有一个朋友每天都要慢跑上7英里（约11.3千米），其实他每周5次每次跑3英里（约4.8千米）就能满足他锻炼身体的需求了，但这会让他觉得自己弱不禁风。”

“所以，我们的目的并不是要把需求和欲求区分开，但要明白你的选择中需求和欲求的权重。”他总结道。

第二个命题是“认清投资成本与机会成本”。霍华德讲解道：“只要是选择就会有得失，无论是达成商业结盟还是做为地方女童子军（local Girl Scouttroop）的训导员，你都要支付两种成本。一是投资成本，你投入的时间和精力；二是机会成本，就是你放弃的其他的选择以及可能性。我认为人们比较倾向于关注投资成本，关注自己付出了多少。但如果想想我们做那些重要决策的过程，尤其是那些让人难以取舍的决定，我们就会发现我们潜意识里是很在意机会成本的。”他说，“有时仅仅是发现了这种区别就能让我们做出适当的决定。或者多认真分析一下，就会发现我们为了一些选择而放弃的东西，根本就不适合我们！”

第三个命题是“了解积极与消极因素”。不要再拿“车到山前必有路”这种话糊弄自己了。霍华德说：“一定要对一切都心里有个数。在做决策时尽可能详细地考虑投资和机会成本，并对你有可能获得的收益有个清楚明确的预想。举个例子，不要说你要把时间和精力投入寻找新的工作机会上，而要说在接下来两个月你要从每晚挤出1个小时来上网搜索工作机会，并进行研究分析；你要暂时从业余垒球联盟的娱乐休闲活动中脱身，为了给自己多一点时间休息。然后你就会看到明显的收益，是工资涨了15%，还是收获了一项新的职业技能？或是感觉工作更轻松了？不过有得也必有失：虽然涨了工资但你每周却要多工作10个小时，而这10个小时里，你又会在生活中错过什么？”

第四个命题是“考虑成本对等性与可比性”。虽然投资成本和机会成本之间是有联系的，但它们的价值却不一定成正比。“换句话说，投资成本不总是等同于失去的机会。”他解释道，“小规模的投资有可能获得很大效益；

而大规模时间和精力投资换来的可能是失败，如果投资的方式不对的话。”同理，他指出成本和收益也不总是相等的关系。不能用一样的标准衡量它们。“如果你不能合理地建立两者的关系，就无法使之互惠互利。举个例子来说，‘时间就是金钱’在某种层面指的是用金钱可以换取时间，但金钱却换不来智力或感情。”有的人在考虑那些对我们的生活来说必不可少的东西间的可比性时会感到混乱，认为我们可以拿这些必需品去交换。但是，你不能用其中一样必需品去换另一样。“只有你觉得一样东西不是你的生活必需品时，你才可以去交易。人们对生活和事业产生焦虑和不满的原因往往是，还没有仔细斟酌，他们就把自己所拥有的必需品给卖掉了。”他说。

最后一个命题是“给你的目标排排队”。霍华德说我们有时会为要做各种选择实现各种目标而感到头疼和焦虑。在这种压力下，我们总是把这些乱七八糟的事混为一谈，觉得这些都是我们现在要一次性完成的任务。为避免给自己增添这种压力，我们需要把眼光放远一点。“我母亲只有高中学历，但她非常聪明，有着非常出色的条理性。”霍华德跟我说起他的母亲时带着留恋的表情，“她跟我说过的最让我印象深刻的一句话就是，‘霍华德，记住，也许你可以拥有你在生活中渴望的一切，但你不能一口吃成个胖子。’”这是霍华德以前从未向我提起的。智慧的斯蒂文森夫人指出了要仔细规划你的目标，想想哪些方面是你现在需要去完成的，哪些是可以先放放的，这样你每天都可以过得十分充实和满意。“这个快餐社会给我们带来的最大挑战就是你得把眼光放长远。”霍华德说，“在你做选择时应该明白你所投入的精力和时间不是为了满足你一时的需要。你要把目标分级，依次实现。循序渐进让你可以在做出重大决定时有更灵活的选择，这个原则既可以适用于现在，也可以适用于将来。这让你可以在追求完善自我时平衡发展，即便现在你无法实现某个目标，但在将来你一定可以实现。”

“我想起一句笑话，‘你怎么可能吃掉一整头大象呢？’”我打趣道。

霍华德一本正经地回答这个问题："一次一口，慢慢咀嚼。"然后他又说，"这提醒了我。"他开始整理纸张。

"去吃午饭吗？"在哈佛同一个朋友或同事一起吃午饭是相当神圣的仪式。

"当然。"他回答，笑着继续，"这由此引出了我这堂课的最后一句箴言。我选择经常和我欣赏的人一起吃午饭，在这一个小时的过程中我的精力可以得到更新，情感可以得到放松，智力可以得到扩展，就像是补充了营养，使我能够精力充沛地迎接这一天接下来的挑战。因此，要是在这堂课后还无法理解怎样才能做出合理的选择，我会对这个人说：选择那个让你感觉精力充沛的。"

嘉宾故事：卡特·卡斯特

去年夏天的一天，霍华德给我发了一封电子邮件，内容是一位曾经飞黄腾达的某公司前任董事致世界500强企业及非营利组织领导人的演说词。"你应该看看。"霍华德说，"真是令人印象深刻。"演说的题目是《一出竞争大戏》，其内容既充满智慧又发人深省。我被其中一句话深深打动了：

我顿悟了，判断一个事物时，不要管它与其他人的关系，而要看它与我自己的关系，特别是与我情操陶冶和智力扩展的关系。

哇，在思想层次上我觉得这个人简直和霍华德有一拼。于是我给他发了封邮件，向他说明了我正同霍华德一起写的这本书，并希望他如果有时间能给我一个机会和他聊聊。令我惊喜的是，虽然我们并不相识，但他立刻回复了我。"我很乐意和你谈谈。"卡特·卡斯特写道，"真是缘分，我刚刚才读过霍华德写的那本《恰如其分》。"我们约好日期见面，而我也从他那里得知了关于这次演讲的一些惊人的幕后故事。

无论从哪个角度来看，卡特·卡斯特都是一个在生活和事业上双丰收的人，这一切都是他严谨的性格、严格的要求和强烈的决心注定的。这些特质帮助他成为一名出色的游泳运动员（从他4岁开始）：由于他的天赋和刻苦，卡特在奥运会选拔赛上赢得了两个400米个人混合泳的比赛，这是一项竞争激烈的比赛，因为这项比赛要求有4个不同的冲刺阶段。这些特质还助他拿到了斯坦福的学士学位和西北大学凯洛格工商管理学校的MBA学位。

毕业之后，带着勤奋智慧的特质，卡特全身心地投入到商界之中。起初，他在百事公司收购必胜客、塔可钟（连锁快餐店）和菲多利（休闲食品厂商）的活动中扮演了重要角色。然后他去了电子艺术公司，做为营销总裁成功推出了“虚拟人生游戏”。接下来，他进入网络营销领域，成为蓝色尼罗河线上珠宝销售公司的高级副总裁。之后他的事业更是飞黄腾达：不久以后他就当上了沃尔玛网站的CEO，在他的领导下，沃尔玛在线很快成为了世界上最大的商务网站，同时，他还兼任在线家居零售网站Hayneedle的CEO。

他在电子商务行业简直就是一颗明星，不，是超级巨星。

突然有一天他对自己说：停下，够了，有事情不对劲。

“我自小学习游泳，一直被教导要勇攀高峰。”卡特对我说，“我一直是这样做的，但我发现我简直要把自己耗空了。我的健康受到了影响，我的家庭也受到了影响，我感觉像个空心人。”在事业达到顶峰时，他突然隐退了。此后，他一边疗养，一边探索到底是什么影响了他的身心。我所看到的那篇演讲词是他第一次向外界讲述他的个人体验。

“成年之后，”他说，“恐惧一直伴随着我的生活，我恐惧自己做得不够好，担心自己再无任何价值。我在与他人比较的现实和我的理想之间患上了焦虑症：我应该接受更高等的教育，像我那些朋友一样；我应该挣更多的钱，像我以前的同事那样。”

“哲学家罗素称这种焦虑为‘忧虑疲劳’，是一种从来发现不了自身优点，而只会去和别人比较的病。”卡特解释说，“人们之所以会患上这种病，是因为时代日新月异，社会和媒体都在宣扬一种相互比较的思想。这让我们不知不觉地就去和别人进行比较。想想看：100年前，一个铁匠只会把他打造的器具和村庄里另一个铁匠的进行比较。可现在，我们这些铁匠要拿自己的手艺和全世界这个大村落的铁匠们相比较。”

“这种互相攀比的竞争环境让我们进入了零和博弈[①]的游戏，只要有胜者就必然有败者，我们无法实现共赢。”卡特说，“然而，对我们来说，日常生活可不是零和博弈。我们的社会不能被这种无意义的游戏驱使而发展。这就是为什么我会把这种情形称作《一出竞争大戏》。”

这对他在生活中又有着什么样的影响呢？“对我来说，我现在需要克制自己不要去和别人做比较，不管是他们获得了什么成就、什么奖项、什么地位。我希望能通过自己的内心去看事物，让智力和能力得到全面发展。晚上我常常想我作为一个人的进步难道只体现在争强好胜吗？我告诉自己不必把自己的节奏调整到和一个不存在的节拍器一样，或是跟随别人的轨迹过我的生活。”

是什么影响到了卡特的职业生涯？在我和他聊天的时候，他就像是西北大学的心理学教授在为我做心理咨询，他深刻地解读了关于哲学、社会学和商业的理念。“我非常享受这种一边写作一边与大家分享心得的机会。”他说，“将来还会不会重返商界？我真的说不好。如果沿着这条路走下去，或许我会得到新的商业机会。但我知道，即便我决定抓住这个机会复出，我也会通过同以前完全不同的方式和方法。我只想战胜自己。”

---

①零和博弈又被称为零和游戏，源于博弈论。是指一项游戏，游戏者有输有赢，一方所赢正是另一方所输，而游戏的总成绩永远为零。

MY LAST CLASS AT HARVARD

第6章

自欺欺人要不得

如果你想完成某个特定的职场目标，以此来获得职场的满足感，并把它们归入你的精神遗产，你就该好好想想，你有没有具备相应的能力。

我觉得在我和霍华德这么多年的交往过程中最宝贵的一点，就是我们的友谊完全不会受到时间、距离和我们各自生活事业变动的影响。我们友谊的发展建立在我们的交谈和工作之上，起初我们是师生关系，后来又成了同事。在我离开哈佛成为艾克塞斯国际商贸公司的总裁后，我们也经常互通电话和邮件保持联系。因此，当有机会见面时，我们也不像几周没见那么生疏，而是就像仅仅几天没见而已。幸好，由于工作性质，我可以经常去波士顿。

有年夏天，一次我刚好要去波士顿给一个客户介绍我们的国际贸易发展计划，那晚霍华德和我相约在广场餐厅二层见面，这是他最爱的餐厅，而且离他的办公室不远。“我以前的一个学生约我下班后喝两杯，想听听我的一些意见。”他解释说，“差不多6点半就能完事，在那之后，我们可以一起吃晚饭。”

会议结束得比我预料的要晚，到餐厅时我已经迟到了。我看到霍华德坐在一张桌子边，便向他走过去，我以为他是在等我。走到一半，我才发现原来他还没有和他的那个学生谈完。一般我会直接走过去向对方介绍自己，很多霍华德的朋友跟我也关系不错。但这一次我看到了霍华德脸上凝重的神情，我停下了脚步，在酒吧找了个位子，等着他们结束谈话，我不知道该怎么形容，即便离得很远也能感觉到紧张的气氛。

过了一会儿，他们起身，霍华德一直把他的同伴送到门口，从我坐的位置可以很清楚地看到他们。在路过我身边时，我听到他对霍华德说："我感觉有些沮丧，但我来不是为了听宽慰话的，我来是想听你最中肯的意见。"他停下来想了想，"很多人只会围着我的问题兜圈子，从不提出客观的和建设性的批评。他们关心我，可他们一点儿也不坦诚，也帮不上我什么忙，而你，以上3点你都做到了。非常谢谢你。"他激动地用双手握住霍华德的手，用力晃了晃，然后走出门去。

我向霍华德走去，他把手放在我的肩膀上，说："如果你不介意，艾瑞克，我想在吃晚饭前到外面走一走，呼吸一点新鲜空气。"我点点头，他回到刚才的桌边结了账，我们一起走进了凉爽夏夜里的中区。我们走向哈佛广场，路过街边的商店和街头艺人，和不同年龄层的人们共享这条走道，这其中有参加暑期夏令营的高中生，有放完暑假回到校园的大学生，有刚刚下班走在回家路上的年轻教师，有推着婴儿车的夫妇，还有来这里游览参观的大家庭。

我们先聊了聊各自的近况——比如我公司的新客户，霍华德在公共广播电台作为评论员的新尝试，我儿子丹尼尔又掌握了一门外语，霍华德的外孙最近有什么消息。最后按捺不住好奇心，我问起了他刚才在广场餐厅二层的谈话。"看起来好像很紧张。"我说。

霍华德深吸了一口气："是啊，真是聊得怪辛苦的，虽然他已经尽力保持平和了。"他说。一边溜达，他一边讲起了那个会谈。"詹姆斯已经离开学校有10年了。他非常聪明，具有很强的逻辑分析能力，唯独性格有些内向。他是一个好人，诚实肯干，拥有雄心壮志而且不咄咄逼人。他从哈佛离开后，进入一家房地产投资信托企业，负责大型收购和销售方面的谈判工作。他感觉十分矛盾。公司对他的工作业绩很满意，不断地给他升职加薪，但他已经厌倦了这种老一套的状态。他的上司不给他拓展专业能力的机会，每当他问起为什么他不能全权负责一个项目，摆脱他那种单一的工作角色，他得到的回答总是模棱两可。这种情况已经持续了好几年，他希望我能给他一些关于未来发展的建议。”

“你对他说了什么？别人怎么都不愿告诉他？”我问。

“我说他这是自欺欺人。”霍华德的声音里透着一股无奈。

我对这个词感觉有些陌生。“什么意思？‘自欺欺人’？”我问。

“你玩过一种叫接龙的纸牌游戏吗？”他问。

“小时候玩过。”

“在你马上就要赢下这一局时，却死活也找不到需要的那张牌，你怎么办？”

“通常我会放弃，重新开局。”我呵呵一笑，“有时会违反一下规则找到我需要的那张牌。”

“我们都会这样做的。”他说，“这不过是一个游戏罢了，而且是和自己玩的游戏，如果你为了赢下比赛作弊拿下一张牌不算什么。”他站住，用手指戳着我的胸口说，“但是现在不是玩游戏的时候了。我们是成年人了，而且活在一个真实的世界里。当我说有人自欺欺人时，说的是他们在自己欺骗自己。在他们手里没有王牌的时候还假装自己有，妄想赢得比赛。”

“‘王牌’又指的是什么呢？”

“如果他们想在职业方面获得更大发展，他们就得在专业本领和才能的提升上更上一层楼，给自己增加筹码，让自己更有资本。”他说，“在追求生活中其他更高层次的目标时也应如此。”

“詹姆斯少了哪张牌？他自身的缺陷又是什么？”我问。

霍华德带着我穿过街道来到历史悠久的剑桥公园，这里曾经作为独立战争时期一个重要战场而存在，而今却成了一个垒球场。我们找了条长凳坐下来，边看比赛边继续我们的谈话。

霍华德点出了詹姆斯的问题，他手中缺的那张牌就是在高压的商业往来中，处理复杂的人际关系的能力。詹姆斯察觉不到谈判环节中的细节问题。他接收不到谈判桌另一方发出的信号，这导致他经常误导他的同事。更糟糕的是，他连自己的团队给他发出的信号都察觉不到，最后只能让上司来给他改正错误而草草收尾。除了这些，别人不会质疑他对工作的热忱和努力，他常常比团队领头人下班还晚，而他在技术方面拥有的深度和精度让所有人都为之咂舌。

“这么说吧，”霍华德总结道，“他在工作中发挥着很关键的作用，在公司也是一个不可或缺的角色。只是，他希望能得到更多。他想带领一个团队，在谈判席上起主导作用，坐公司的头把交椅。看着别人能轻易得到他为之苦苦付出努力却得不到的机会，对于他来说真是一种摧残。但事实是，他永远也无法实现这些目标。”霍华德悲观地说。

“这么长时间他自己竟然都没有发现，”我说，“真难以置信，别人竟然也没有提醒过他。”

“也许别人提醒过，但他没有听进去。”霍华德回答，“或者他的上司或同事对提醒别人工作中出现的问题这种事不感兴趣。很不幸，有些公司企业文化就是这样。”

詹姆斯的故事让我陷入了沉思。“我想起一个笑话，两个登山者遇到熊的故事。”我讲道，“一个人停下来把登山靴换成了跑鞋，另一个人惊奇地说：‘你疯了？你以为你能跑过熊吗？’那个人说：‘我不需要跑过熊，我只要能跑过你就行了。’”

“没错，如果你把这个笑话放到职场中，尤其是在经济困难的时候，不正视自己的能力就会让你陷入真正的麻烦中。”霍华德嘲弄地笑了笑，“那头熊可以使你与晋升失之交臂，也可以在经济萧条期让你卷铺盖走人，这头熊就是挡在你与你的目标之间的凶残猛兽。”

“如果总是自欺欺人，还怎么发现问题啊？”我问，“我的意思是，如果想完成某个特定的职场目标，以此来获得职场的满足感，并把它们归入你的精神遗产，你就该好好想想，你有没有具备相应的能力。”

“你说得没错。”霍华德说完便陷入沉思中，过了一会儿，他开口继续，“如果想知道你是不是在自欺欺人，那就问自己两个简单的问题。”

“第一，我的核心竞争力，比如我自身拥有的知识、技能、个性，能不能很好地胜任这份工作？

“第二，如果我的职场目标非常独特，门槛很高，比如我想拥有一份特定的职业，拥有一份特定工作，去某一家特定企业工作才可以满足，那么我的核心竞争力和那些跟我有同样目标的人相比有没有优势？”

“实话说，”他总结道，“在竞争激烈的就业市场，这两个问题同样重要。”

“但是核心竞争力不是我们达成目前或将来职业目标的唯一要素。”我反驳道，“努力工作、机遇、时机、选择、实现目标的先后，这些因素都可能会影响职业的发展。”

“当然，这些因素都是次要的，”他说，“以我的经验，在长远的事业之路上你的能力与天赋比这些外界因素更为重要。”他停了一下，继续说道，“问题是，人们总是侧重于在他们拥有的核心竞争力基础上押宝，而从不会认真思考，或者更糟的是，人们总是无视自身的缺点。”

我消化了一下他的意思，问道：“你怎么定义核心竞争力？虽然我的抛球和跑动能力都很强，但我不会靠打棒球为生。”

“你当然不会，我才不信你能打出个一流曲线球。”他笑着说，“这就是你所缺乏的核心竞争力。还是不要拿运动员举例了，这样容易产生误导，因为很多职业素养不能像安打率和上垒率那样直观地衡量。”他注视着打垒球的人们，仿佛在琢磨每个人身上具备的专业能力。

“总的来说，可以把核心竞争力分为三类。”他说道，“有身体技能，比如歌手的音域，外科医生沉稳的手，破浪漂流选手的运动技能。有智力技能，如室内设计师对颜色的敏感，公关经理敏锐的记忆，税务律师对复杂信息的处理。还有性格技能，如在初次会面时的放松，处理突发事件的灵活性，处理复杂情况的从容性、诚实性，以及换位思考的随和性。”他停下来，补充道，“值得注意的是，在这个受智慧和人脉驱动的经济社会里，人们往往对自己个性和情商方面的缺陷视而不见。”

“有意思，”我笑着说，“我曾经认真考虑过要不要做一名律师，我对法律很感兴趣，而且我觉得我的分析能力也很强，但我对自己是否拥有强大的记识能力来记住这些专业知识表示怀疑。同样，当我考虑要不要去读医学院时，我想到医学课业繁重，而我这个人很贪睡，如果不能保证充足的睡眠，我大概永远都不会拿到临床医学资格证。因此我也打消了做医生的念头。最终两个目标都不了了之。”

“在这样的情况下，你很清楚自己缺少的是哪种能力，而且你也知道自己对这个目标并不是那么感兴趣，你知道这种职业并不适合你。”霍华德调皮地笑了，回答说，“如果我记得没错，当时你已经开始创业了，你的自身缺陷表现得还不是那么明显，但随着不断积累经验，你眼前的路也会越来越清晰。”

霍华德指的是被我太太称为“盛放卖花热”的经历。在创业初期，我买下了几家“盛放”鲜花连锁店。其实我对园艺经销业务没多大兴趣（这是我犯的投资错误之一），但我在一些大型特许经营管理企业有过相关工作经验，因此积累了一些特许经营方面的知识。抱着把这项业务做成“园艺经销界的星巴克”的雄心壮志，我接下了这笔生意。这项投资成了对我的创业、市场和管理的严峻考验。事实证明，我错得离谱，因为“盛放”园艺经销系统本身就存在着巨大的缺陷。我高估了自己应对金融风险的能力，用浪漫的说法讲就是我好像又经历了一次差点把自己逼疯的大学时代。我意识到“孤注一掷，押双倍，有必要就把房子也抵押上”这种商业神话不是我该走的路线。

经过深思熟虑，我最终放弃了这项投资。

“或许这可以被称作我的启蒙教育吧。”我说，“那段时间真是煎熬。实话说，在事业上我以前从来没失败过，我从没想到我竟然会被‘盛放’连锁给搞垮。但这段经历告诉我，将来再作任何事业上的决定时，一定要三思而后行，充分考虑自己的能力和个性是否适合这项投资。回想起来，我当初的投资计划就存在着缺陷，这与我理解的风险投资是有差距的。我本来可以避免这种精神折磨和财产损失。”

“也许……但时间不能倒流。”他回答道，“你不止一次听我说过，活在过去很难让人逃脱情绪的怪圈，而带着无怨无悔的大步向前却可以让你成为最幸福的人。所以不要把这看成是做交易输了钱。就把它当作获取重要信息所交的学费，这回你知道自己并不适合高风险投资工作。这种领悟对商务人士是很重要的。”

霍华德的这个观点是建立在我自身的经验“盛放卖花热”上的。“在你前期创业的过程中，你发现自己缺乏某种实现事业目标的能力，但是不要忽视它。”他说，“只有经历过，才能发现自己是不是具有某种能力。有的时候，你要自己去做实验，测试你的能力。这时你要记住，把成本控制在最低水平，不要让自己付出太大的代价。”

“你会怎么控制这种实验的损失？”我问。

“办法很多。”他说，“首先要投身于其中，想想你能为这个事业最大限度地投入多少，无论是时间、精力，还是最终你将获得经验和金钱。其次，要对你期待获得的结果或利益有一个明确的预算。然后，对你自身的能力水平要有一个清晰的认识，确保你的成本是最低的。最后，一定要让自己面对现实，不要在只拥有打网球单打的能力时拿自己当双打使，也别拿高级护士的要求对待一个只需要有家庭护理知识的人。”

“一旦实验成功了呢？”我问。

“对数据进行跟踪。”他说，“看你的感觉如何，主动对结果进行评估，用现实和你的预想做番比较。尤其要多注意一下在某些领域十分成功的人的核心竞争力和特殊能力，再想想你自己拥有什么样的能力。并且，无论何时，”他在强调观点时轻轻拍了一下凳子，“在理智和情感上都要诚实地面对自己的经验。”

由此，霍华德想起了在广场餐厅的二层进行的那番对话，他说：“从几个方面来看，詹姆斯的经历和你的特许经营经历有着异曲同工之处。你们都在核心竞争力方面做过正确的预估，但你们每人至少也犯过一个预估方面的错误，对你来说是对风险的承受能力，对他来说则是人际关系。而你略胜一筹的是，你从中学到了一课，而詹姆斯还依旧执迷不悟。他对那些他所不能胜任的能力过于执着。除此之外，在向目标努力时他不重视的那些细枝末节最终导致了他的失败。最重要的一点是，詹姆斯没有直面自己，没有直面在谈判桌上他的同事和别人给他的那种冷落。”

我想，如果詹姆斯的公司拥有有效的绩效考核或评估系统，也许他能更容易发现自己所面临的这种困境。但很明显，他们没有，而且他的谈判团队中的同事们也对他的这种缺陷冷眼旁观，视而不见。只有霍华德愿意当面评价詹姆斯的优势与劣势，给他敲响警钟。

“知道吗？”我说，“从某种程度上来讲我为他感到难过。工作十余载，詹姆斯遇到了这个棘手的转折点，而且他现在需要重新考虑他的职业走向。从另一角度来看，这个转折点更像是对他‘不利的’，因为你根本感觉不到它是和你在同一战线的。他在谈判团队里获取的工作经验非常可贵，如果他从事分析类型的工作，这会对他帮助很大。他可以自如地运用他的核心竞争力。”

“我同意这个观点。”霍华德说，“但这对他来说很难。他内心中对某个职业目标的执念真的非常强。而在感情上，他也被来自他上司和同事态度的消极影响搞得焦头烂额。要让他振作起来，重新开辟蹊径还真得费些力气。而且我不知道……”他没有说下去，对我使了个眼色，“你愿不愿意帮老朋友个忙？”

我立马就领会了他的意思。“他的电话号码是多少？”我问。

“谢谢你。”他从口袋里掏出詹姆斯的名片，“毕竟，头脑风暴和鼓舞士气都是你的核心竞争力。”在我把电话号码输入到我的手机里时，霍华德站起来，活动了一下身体，说：“现在我有点饿了。我家附近新开了家餐厅，菜式多样，而且样样美味。去尝尝吧。”

＊ ＊ ＊

“我很好奇，霍华德。”在餐厅等位时，我对霍华德说，“对于你自己而言，你是如何发现自己都拥有哪些核心竞争力和优点，并且在追求职业目标的过程合理利用呢？”

“哎哟，这可需要我打开记忆库搜索一下答案了。”他的声音里带着一丝伤感怀旧的调调。直到我们坐到桌边，他才开口回答我的问题。“从斯坦福毕业后，我面临着好几个职业选择。最终我的选择是基于我所做的3点分析之上的：这件事必须是我喜欢做的，还要是我擅长做的，并且在这个领域内要有能和我在兴趣和能力上同等竞争的人。因此，我选择了做一名系统工程师，我把IBM的几批暑期实习生作为我的实验，然后发现了自身的不足之处。”

“虽然我的专业是数学，这也是我从事研究的领域。我喜爱并且擅长这门学科，但我在毕业前将自己和同班同学做了一番对比，发现我的能力可能永远也达不到他们那样的高度。他们真的热爱数学，并且十分投入，因此获得成功的可能性很大。在这个领域的高端层面，我们择业的空间很小，在就业市场的竞争将会变得十分激烈。在今天，数学在计算机领域占有十分广阔的发展空间，可在1961年这可是就业冷门。考虑到以上几点，我放弃了对数学的研究。

“我面临的另一种选择就是参军。”霍华德继续说道，“我来自一个军人家庭。我父亲是一位海军司令员，而我哥哥是当时海军陆战队最年轻的上校之一。也许我可以成为一名军事家或分析师，但由于我个性内向，向往自由，我觉得我可能不会成为一名优秀的军人。当时虽然参军并没有什么限制，但我还是对此不感兴趣，也不觉得我有什么竞争的优势。”

“所以你最终选择从商，向人传授商业理论了？”我问。

“一切可没有像你说的这么简单。”他说，“我选择了商学院是因为我对这门学科怀着浓厚的兴趣。只是我当时没有意识到我的兴趣有多浓厚，也不知道将来我能取得怎样的成功，但我一直乐在其中。尤其是我发现在哈佛商学院就读也不会影响我追求那些商业以外的兴趣，并且还会给我更多我从未想过的机会。”

“我一来到哈佛商学院，就迅速确定了我的职业发展路线。实际上，是在与企业管理学科的大师——我的导师迈尔斯·梅斯教授细谈过几次之后确定的，这是我职业生涯中重要的转折点。迈尔斯帮助我发现了我对商业和商业理论的极大热情和潜力，并且我的这种优势远远高于其他人。”

“难道没有一场盛大的哈佛式神灵的显现吗？”我开玩笑道。

“当然没有，”他大笑起来，“没有什么天使圣歌，查尔斯河畔也没有燃起焰火……但是，我的确记得当时有一种仿佛被点透的感觉。迈尔斯在给我讲述他自己的职业路线时说：‘知道吗？霍华德？在我这一辈子的职业生涯中我总是反复问自己3个问题：这个数字是怎么得来的？有什么含义？你为什么想蒙我？’”

“他这是在以他的职业生涯为例，在一个特定的专业领域，用‘触类旁通’的方式讲道理！但是，他懂得对于一个无论大小，营利或是非营利的企业来讲，这3个基础问题有多重要。有人可能会觉得这些问题很蠢，甚至会无视它们。但当我一听到这3个问题时，我立马就懂得了其中内涵。用简单的问题就能确定这个公司的优势和劣势。

“后来，在迈尔斯的帮助下，我发现我在制定公司经营的战略上具有非常高的天赋，我可以凭借直觉去深入挖掘和推动事态发展。我明白问对问题也是核心竞争力的一种，这种优势奠定了我一生的职业基础。

“在我离开学校后是不是可以成为众望所归的系统工程师或数学家？我当然可以。或者成为一名我家人引以为荣的军官？也许吧。但我会在这些领域获得极大成功吗？就像我在经商和教授商业理论的领域里这样？我并不这样想。我的激情和优势是有限的，这两种职业也不能帮助我建立我所追求的精神遗产。”

* * *

在晚餐以及之后的对话中，霍华德和我针对自欺欺人这个理论进行了更深入的探讨，探讨人们为什么总是容易深陷其中。他解释说大多数人都是无意识的，人们总是会被谬论引导，从而错误地判断自己的核心竞争力。

例如，盲目发奋的谬论，就是只要肯努力就能克服自身持久的缺点。换句话说，就是实现雄心壮志的职业目标是件顺理成章的事。“只要我刻苦努力就一定能达到我的目标！”许多人视无限的自我改善为不可剥夺的权利，从人们的“美国梦”中就能看到这一发展潜质，这在18世纪至19世纪为推动美国经济发展做出了不小的贡献。霍华德对这种埋头苦干的精神很是敬仰，因为他的祖先就是美国西部的开拓先锋。但在历经几十载与各种公司打过交道，见识过人们形形色色的职业轨迹后，霍华德明白付出辛勤劳动并不是改变自身不足和劣势的万能灵药。以他的经验来说，尽管一个人自身有一些缺点，但仍能由于辛勤工作而获得成功，是因为这种刻苦努力磨炼了他们的技能，改掉了他们的不足。但这种情况只有在能力非常明显，或需要缩小的差距不那么大时才有效。不要误会了，霍华德的意思不是不建议大家努力，而是他认为善于观察和思考也是获得成功很重要的一点。

然后是关于聪明的谬论。假设你非常聪明，掌握某个领域的知识完全是小菜一碟。霍华德认识很多聪明人，他们中很多人都认为自己在某一个领域能不费吹灰之力地领先，自己在任何领域都无所不能，却没有想过自己也会在竞争中受挫。他们觉得在学校里自己成绩优异，到了社会上也能实现自己的每一个目标。“你一定想不到那些真正的聪明人在做决定时会对自己说些什么。‘我很擅长甲项目和丙项目，所以我一定也能胜任乙项目。’”有次霍华德对我说：“这就像是说‘我是一名出色的300磅（约136千克）级摔跤手，因此我也能成为一名出色的撑竿跳选手一样’。”他的意思是你不能同时做一名300磅级的摔跤手和撑竿跳选手。如果有着惊人的决心，高超的撑跳能力，也许你会取得让自己满意的成绩。但如果你立志在奥运会上做一名300磅重的撑竿跳选手，摆在你眼前的就只有失败和沮丧了。

顺便说，跟聪明反被聪明误类似的还有个谬论叫自以为是，主要表现为我们总是认为我们比同行具备更特殊的能力，即使我们并没有什么真知灼见。我们还会夸大自己的能力，认定我们是最适合做这份工作的人。霍华德把这些喜欢放大自己的人形容为“对着一张白板射箭，然后自己在箭落的地方画上一个靶心”。

还有就是乐趣和热情的谬论。即认为只要我们对一份事业感兴趣，就会在这一领域有所建树。当然享受你所做的事情很重要，要是你对自己的工作压根没什么兴趣，你将无法拓展你的事业。此外，虽然对事业保有激情是一种优势，但这对改进个人能力的缺陷或增长知识技能并没有多大帮助，这就是为什么霍华德对詹姆斯说：“别总是什么都想当然，有时仅仅是热爱一份工作并不能让你有所进步。”

最后是，有良好的愿望就能使一切梦想成真的谬论。这里讲的是人们通常会严重低估在职业道路中追寻宏伟的目标时所面对挑战的难度。这和盲目发奋是一码事，这些人相信只要闭上眼当作什么都没看见，就能使一切变得简单有序，波澜不惊。霍华德一定会第一个站出来表示对自信、乐观、有志这些积极向上情绪的肯定，如果想在职业上获得成功这些都是很重要的品质。“但是，充满自信地追求你的目标与把所有事看作小菜一碟是有区别的。”他指出，“思考与心愿、计划与希望、了解与渴望之间都存在着差异。亲手清除挡了去路的障碍跟等着它们自动为你让路是有区别的。”

早先我们认识的洛丽·斯格尔在克服这些可以导致自欺欺人的谬论上是一个好榜样。她喜欢做建筑设计，她听从她的心声成为了一名建筑师。她完全有能力拿到建筑学的学位，她比她的同学都要努力用功，但是当她客观地比较自己和其他同学的核心竞争力，认真地分析她的导师对她作业的反馈后，发现她不具备“设计基因”。她的眼光独到，她可以对别人的作品做出很好的评价，这也让她意识到她自己的设计并不能在激烈的市场竞争中获胜。虽然那段经历令她感到十分痛苦，但好在洛丽具有很高的智商和情商，这让她很快就意识到了危机，从这点来看，她是幸运的。很多人看不到自身的缺陷，直到有一天撞了事业上的南墙。一时间，他们的职业期望、个人价值期许，还有工作热情都被现实碾得土崩瓦解，这感觉是非常伤人的。

说完了这些谬论，让我们用霍华德的一句话来总结：“获得职业的成功和满意度靠的绝不是运气。那些为获得职业目标而付出努力的人，无论是公司的CEO还是被公认最优秀的艺术家，在成功路上都会经历一场关于自身特长、爱好和专业需要之间纠结的心理斗争。”

所以，如果你跟霍华德说你拥有满腔热情，追逐梦想的过程就足以让你满足，结果无关紧要，他会对你说：“加油努力干吧！”可如果你说这个目标对于实现你的职业满意度来说至关重要，他就会建议你沉静下来，认真、诚恳地想想你手中有什么王牌。我敢说，这样做你绝不会后悔。

嘉宾故事：杰夫·利奥波德

在一个阴雨绵绵的周四清晨，伴着咖啡的香气，在对话中我了解到杰夫·利奥波德真的是一个对工作充满了热情和干劲儿的人。杰夫是在马萨诸塞州列克星敦的猎头公司总部担任猎头顾问，专门为高端技术公司寻找高层管理人员和董事会成员。“我爱我的工作，每天不用闹铃我就能准时在6点钟醒来，精力十足地时刻准备着投入到工作之中，即便在周末我也要开电话会议。”他讲述道，“有时我的工作也会介入到我的家庭和私人时间之中，但我还能适应，因为我总是干劲儿十足。”其实事实就能说明他的卓越：他的公司正在经历快速发展的阶段，而他也比往常要忙碌许多，即便现在是经济危机时最困难的阶段，因为他是如此热爱他的工作并且他将工作任务处理得非常好。

有趣的是，杰夫能成为如此成功的高管猎头的原因之一是他从他早期并不一帆风顺的创业经历中学到了很重要的东西。追溯回1991年，他刚刚带着MBA学位从密歇根大学毕业时，一家新成立的公司经过精心挑选决定录用杰夫，这家公司就是微软。“表面看来，我拥有获得成功的一切特性。”他回忆道，“我的逻辑分析能力非常强，做事非常有条理，并且还十分精通我的专业领域的知识。我经过激烈的竞争，最终被微软录用，更加坚定了我一鸣惊人的信心。”

但在那个时候他绝对想不到，虽然他能力非凡，但他命中注定不会在微软取得他理想中的成功。实际上他的能力并没有自己想象的那么所向披靡，这些能力反倒成了他在这片从未涉足的领域大展宏图的束缚。“有一天下班后，”他说，“我意识到我永远不会在这片特殊领域取得成功，因为我无法适应那样的企业文化。”因此，在微软工作了两年后，他选择了离开。我们说话的这个时候，他已经离开微软差不多20年了，但我还是能看出这段经历对他的打击。（当然，这对他来说也是一个遗憾：要是他能再多干几年，他就会在股票期权上获得意外的收获。）

“微软的企业文化就是在严峻考验中快速发现存在于个人能力之中的弱点，并将其持续暴露在光天化日下。”杰夫补充道，“我的弱点就是无法接受公司的那种不顾一切、无限创新的文化。”

“你看，在那份工作中，我没能理解人们到那里工作是肩负着重任，怀揣着改变软件世界的雄心的。我只是依旧靠着我从前工作和研究生课程中的经验，有条不紊地做着我手头的工作。能够在微软获得成功的人靠的是他们那种充满热情的使命感，还有勇于创新的精神，而我只会按部就班。他们总是从多角度提问，看待和处理问题时都那么与众不同，能用独特新颖的方式满足客户的需求。这些‘不同’可以让一些人获得非凡的成功，也可以让一些人感觉格格不入。”

虽然杰夫在微软工作时抱着极大的热情想获得成功，但他渐渐消沉起来。在一次令他难以忘怀的产品战略会议上，那对他而言是一次恐怖的经历，他提出了一个概念，“比尔·盖茨给我的反馈却是：‘杰夫，这是我在这周听过的最蠢的主意。’在那之后，我的表现每况愈下。”杰夫回忆道，“我知道比尔不是故意这样说的，而且比尔和我之间也没有私人恩怨，他这样说只是针对我的工作。在创意上，他有一种宗教般的狂热，他会非常直接地指出你的缺点。我不是唯一一个受到他批评的人，这种情况时有发生，但我当时真的没有准备好接受这一切。”

直到有一天，杰夫的一个同事把他拉到一边，对他说：“我知道你在这里不开心，你也想努力摆脱这种状态。你是一个很有想法的人，但你要知道在这里的工作方式跟你想的不一样，你得适应这里的方式。”

“我当时哑口无言。”杰夫回想着当时，“起初我把他的意思理解为‘别看你有密歇根的MBA学位，但你在这儿照样吃不开，你绝对不会像这里的成功人士那样如鱼得水’。我琢磨了一会儿，才理解了他的真正意思：我的聪明才学在这里用不上，因为微软秉行的就是不按常规出牌，这里不会给你时间适应成长。”

“他说得没错。”杰夫说，“我来到微软后，一直把自己限制在一个狭窄的圈子里，想的只是如何按时完成工作。我在完成工作的过程中给自己限制太多，最主要的是我不具备我同事身上的那种超凡热情，那种坚信自己的创造可以改变软件市场的信念。”

“我不得不痛苦地承认，”他回忆着，“我失败了，而且是在职场上第一次经历失败。”

但是杰夫眼前的这次失败，却为将来的成功打下了良好的基础。一个痛苦的对自己不利的转折点促成了他开辟一条职业的新航线。这次经历让他确定了自己的职业发展路线，为将来奠定了基础。在这里，他验证了霍华德的信念，那就是聪明人即便身处险境也会总结经验，再创新高。杰夫面对的问题很棘手，但他最终通过深入思考和面对现实，将自身的弱点转化为自身的优势。

“我在微软学习到的人生中最重要的第一课，”他说，“就是利用模式化的方式解决问题不是不对，而是不够。最有效的解决方案需要创造力和灵活性，在面对新问题和新情况时随时能加以利用。”

“我学到的第二课就是你的专业背景有可能会限制你的技能和创造力的发展。狭隘的视野会限制你的能力。应当让自己自由地去思考，自由发挥自己的能量，自己创造机会去解决问题。”

“第三课就是不要理解错企业文化！我所犯的错误就是在一个文化很棒的企业里，我只想着怎么让企业适应我个人，而不是让个人去融入企业。”

现在，他已经光荣“毕业”了。杰夫相信他在融入公司企业文化和挖掘潜在的管理者时的直觉帮助他获得了在高管猎头领域的成功，并且让他更为专注努力地工作。依靠这种创造力和超凡的直觉，他注定会在这片领域大展宏图。

MY LAST CLASS AT HARVARD

第7章

请勿被外界因素左右

自信不等于自满，知道自己的优势何在也不代表你就能得到自我提升。

在哈佛广场散完步，讨论了关于“自欺欺人”这个话题后，那晚的晚餐我们吃得格外香。对我而言，霍华德给我讲述的关于他从前的学生詹姆斯所经历的转折点仿佛一剂辛辣的调料，帮助我开阔了视野，增长了见识。最后，在离开前我们结了账。我跟霍华德说在门口等我一下，等我走向他时，我笑着说：“刚才在洗手的时候想起个故事，我得跟你说说。”

“讲吧。”他的声音里透着一种揶揄，“我最爱饭后的厕所笑话了。”

“别开心，这不是所谓的洗手间讽刺或幽默。”我说，“其实这是对我们自欺欺人话题的一个很好的补充。”

霍华德假装无奈地摇摇头，我边走边给他讲起这个故事。“上周我和一个叫伯特的家伙一起喝酒，他是我们的一个新客户，也是一个策划公司的经理。我们闲聊着家庭、爱好、背景这些东西，后来我问起他在他达到现在这个状态前有没有遇到过什么转折点，然后他就给我讲了两三个他自己超凡的职业规划决定。其中一个着实让我感到惊讶和有趣。”

“就是你在洗手间里想到的那个？”霍华德问。

“没错。”我回答，等着霍华德打开车门，我们坐进去。他坚持要开车送我回酒店，在从剑桥返回波士顿市中心的路上我可以继续讲这个故事。

“在他刚工作的那5年里。”我讲道，“伯特在芝加哥一家大型综合医院做客户服务，他非常喜欢这份工作。他是那种‘点子王’，在为病人和家属减少开支、增强服务方面有很大建树。有时他的女上司会采纳他的意见，但有时不会。她从不解释她为什么拒绝采用他的点子，但作为一个年轻、阳光、积极向上的理想主义青年，伯特总是乐观地想老板一定是有她的理由的。”

“一天晚上，伯特去参加两个同事的告别派对，他们中一个人找到了新工作，另一个要去读研究生。中途伯特去洗手间，在他洗手的时候，他上司的老板——部门经理就在他旁边的水池洗手。伯特和这个经理在一些项目上打过交道，于是他主动打了招呼。经理点点头，没有停下洗手的动作，在他拿纸巾擦手的时候，目光看着别处说：‘孩子，你就当我从没和你提过这件事，但是你得想想怎么办自己的告别派对了。’伯特一头雾水，想问些细节问题，但是这位经理摇摇头说：‘你只要听我说就行了。’伯特闭上嘴，经理深吸了一口气说：‘你是一个聪明有才的年轻人，但我们不知道怎样才能发挥你的优势……对此，我要承担一部分责任，你上司也要承担责任，她是这个世界上最不自信的人了。还有是公司运营的问题，这很让人难过，但这是事实。’经理把纸巾丢进垃圾桶，说，‘祝你在派对上玩得开心。’然后就走出了洗手间。”

霍华德听了，难以置信地摇着头说：“我要管这叫水池边的顿悟。”

“伯特也是这样想的。”我回答说，“他花了几天才琢磨过来。他没想到原来公司还有不知道怎样用人的时候，他的上司不器重他的原因竟然是她害怕受到伯特的创造力的威胁，另外，公司高层竟然也没想改变现状。”

“伯特知道真相后是怎么做的？”霍华德问。

“他恢复平静后，接受了经理的建议。他开始考虑下一步该往哪儿走。他行动起来，4个月后就举行了他自己的告别派对。有趣的是他把这段经历当成是又上了一遍学。他决定不要让自己再像从前那样，让用人单位限制他核心才能的发挥。此后，他在选择工作的时候更看重他的才能能否得到发挥。在做年终总结时，他总是会提出在下一年会如何让自己的才能施展得更为全面，还有哪些方面是需要他改进的。”

“还有我相信你会很欣赏他的一点是，”我说，“每次他面试的时候，都会给他未来的上司讲述他那段‘洗手间的顿悟’的经历，并且询问他们会怎样处理类似的情况。这个问题每每都会给他带来意外的收获，尽管有一次他得到的回复是冷嘲热讽，所以他毫不犹豫地拒绝了那份工作。”

“做得好。”霍华德说，拍了拍方向盘以当鼓掌。

之后我们陷入一片沉默，在快到我住的酒店时，我说：“伯特可以很好地处理职业早期出现的这个转折点，可面对同样的困境，詹姆斯选择的却是自欺欺人。”

霍华德笑着点点头。“你明天有什么安排？”他问道。第二天早上我有时间，于是我们决定在我住处的附近走走，参观一下历史古迹。“每天压力这么大。”霍华德说，“让我们都顾不上注意身边那些伟大的东西。”

第二天，我们先去了罗伯特·古尔德·肖上校的纪念馆，就是他带着美国非洲裔士兵在独立战争中奋力反抗，电影《光荣》讲的就是他的故事。然后我们又来到老北教堂，就在这里，在1775年4月的一个深夜，保罗·里维尔那著名的夜骑传奇的两束光点亮了教堂尖顶。（这算不算是一个转折点呢！）在我们这次小小的探访名胜古迹的游览过程中，我们聊到一些伟大事件，像独立战争和内战的意义对我们当代意识形态的影响以及现代意识形态是如何重新解读这些历史的。老北教堂坐落在北街区的尽头，紧邻波士顿著名的小意大利区，于是我们找到一家咖啡馆点了冰卡布奇诺。

喝着冰镇饮品，霍华德把话题又转回到前一晚我们聊到的内容。“你昨晚问到的那个问题，”他说，“自欺欺人的意思是你过于高估了自己的能力。”他说，“硬币的另一面也可能代表坏事：自欺欺人的反面，看不到自己的长处就没法发挥你的潜质。这是一个普遍问题，因为我们总是倾向于表现得十分谦卑，不让自己表现得太过拔尖。所以我们别忘提醒自己，无论何时，自信是件好事，自信不等于自满，知道自己的优势何在也不代表你就能得到自我提升。”

霍华德喝了一大口饮料，继续说道："我们太看重别人对我们的看法，尤其是在工作中遇到的人。很多人被动地让他们的雇主定义他们是谁，他们擅长什么。这些人都坚信公司‘知道’需要什么样的人才，知道怎样才能让每个人发挥自己的能力。一些成功企业自然懂得这个道理，并且可以运转得很好。但是，很多公司并不懂这些，他们就是不知道该如何发挥雇员的才能。”

“有时，那些结构复杂观念古板的公司会把这当成是一种管理方式。又或者，有些公司更看重结果而非过程——这导致了员工付出的努力与结果之间的不平衡。这种情况很常见，很多公司把误打误撞当作是成功的要素，而不去看重努力与技能。筹款行业就是一个好例子：好公司会看重你这一年对捐赠者进行了100次的拜访，而没什么经营能力的公司只会看重你给公司带来多少钱，并且会把这看成是运气和时机好，而不是你努力地工作。”

他停下思考了一下，继续说道："还有一个大问题是很多经理人，包括那些好心肠的经理人，都不知道该如何拓展员工的能力。我们需要打破常规，而不是每天循规蹈矩，我们需要加倍地努力。如果有员工提出了不同凡响的意见，无能的经理人就会感觉自己的位置受到了威胁。如果像伯特的上司那样缺乏安全感并且害怕别人比自己更强，就会故意让她的员工能力受到限制。”

“这让我想起你说过的，”我说，“一个‘一流’经理人会雇用‘一流’的员工，而一个‘二流’的经理人只会雇用‘三流’的员工，以此类推，还可以加上：一个‘三流’经理人只会让整个团队的能力也降到‘三流’。”

“你说得没错。”霍华德叹了口气。

“告诉你吧，我最近认识的很多人都和伯特的情况类似。”我说，“其中一些人的遭遇甚至可以用你所说的生存危机来形容，他们自己的能力和公司提供给他们的发展空间严重不吻合。”

“这词用得有点儿重，为什么要说生存危机？”霍华德问。

在回答他之前我思索了一下，“因为他们面临的状况削弱了他们的斗志，让他们对自己产生疑问。”我说。有件事困扰我很久了，在说出来之前我深深吸了一口气。“现在的经济形势不好，很多人害怕改变。他们停留在原地，虽然工作很努力，但仍在专业知识积累和进步上落后一大截。公司的整体发展目标限制了他们个人能力的发挥，让他们感觉自己很无能。我的一个朋友说那感觉就像是在马拉松训练中被一群不全力发挥的队友包围着。不管是从身体还是精神上，她都无法冲出这枷锁，她担心再这样下去，她的核心竞争力也要被磨光了。这种斗志杀手的力量几乎快要把她摧毁了。”

“这种情形甚至会给她这样的能力卓越的人才带来负罪感。”我继续说道，“虽然他们的水平达到了雇主的要求，老板们对他们能否超常发挥并不感兴趣，但雇员们却希望自己能够尽心尽力。他们认为拿了钱就要投入百分之百的努力完成工作。偶尔他们会想‘这周我不想努力工作了’，一时间还会觉得很开心，但过不了多久，他们就会因为不能取得进步而变得消沉，在别人需要帮助时也坐视不理，遇到情况时也无动于衷。他们的精力就这样日复一日地被消耗着。他们一直强挺着，听到的却都是类似‘这个主意很好，但我们不感兴趣’，或‘干得不错，但我们不会用它’，或‘谢谢你提出建议，但我们不需要你的帮助’。直到最后，他们要面对挑战他们道德底线的选择——应该少干一些活，还是被这种境况逼疯甚至产生愤恨。”

“现在经济形势又这么紧张，这些人根本没有翻身的机会。这样毫无挑战的工作环境让他们感觉痛苦，留得越久，就越难从这个环境中逃脱。但是离开也是有风险的，尤其在他们感觉自己失去了才能的时候。”

霍华德点点头，把手搭到我肩膀上，说：“相信我，我完全理解你所形容的这类人。他们觉得自己别无选择，别人告诉他们要踏实肯干，这年头有份工作就不错了。而他们却感觉身陷迷宫。30年前我在哈佛的同事就有这么想的。”霍华德苦笑着说，“可人们往往低估了自己在艰难的处境下把握命运的能力。即便是在最令人抓狂的迷宫里也是有出路的。他们需要做的是积极主动地做出选择，而不是被动等待下一个机会的降临。”

“记住，成功的企业永远都在适应经济形势，会随时改变经营的战略和目标，也会为自身投资，它们发现自身潜质并加以发展，然后为即将遇到的机会做好能力上的准备。实际上，不管是对我们自己还是依靠我们的人，我认为我们都有责任这样做。”

霍华德叫来服务生，又点了两杯咖啡。“我们都能找到适合自己的职业和雇主的潜力，并向雇主主动展示自己身上的闪光点。如果我们不主动寻求这种机会，我们就不是在糊弄别人，而是在欺骗自己。最终将自食恶果。”

* * *

只有过度自信或自负的人不会质疑自己的能力，也不会在为自身能力寻求最大发展空间时感到纠结。HSN(家居用品在线购物) 公司的总裁明迪·格罗斯曼曾对我说：“我工作时最大的动力就是不想让那些依靠我的人失望。”美国教育行动（TFA）的创办者兼总裁温迪·科普也总是担心她毫无经验，不能很好地运作这个全国性组织，尽管TFA的成功证明了她的顾虑是多余的。

当刚刚踏入职场，换工作，或者迎接新挑战时，你会很容易低估或忽视你的潜能。哈佛商学院的教授也会遇到这样的情况。霍华德辞去霍华德·斯蒂文森商学院的教职后，接替他位置的是汤姆·艾森曼。汤姆是一位富有声望的哈佛教员，但他还是把这段经历称为“班门弄斧”。

“我还在读研的时候霍华德就是我的良师益友，现在让我接替他的职位，这让我感觉受宠若惊。”在宣誓入职后，汤姆这样对我说，“毕竟，我的职业路线都是在他的帮助下才规划出来的，在我刚入职时他对我帮助很大。在我学成之后，却搬进他待了几十年的办公室，这真是既自豪又尴尬，感觉就像是一个自不量力的人来篡位。”为了让自己感觉好受一点，汤姆请霍华德在办公室留下些东西。霍华德留给他一尊象头神的雕像，那是在印度教中代表智慧、爱欲、谦卑的神，也是起始之神和排除万难之神。“这对一个刚刚接手了新职位的人来说是一种再贴心不过的祝福。”汤姆回想道，“尤其是对我这种教授企业管理学科的老师来说，我需要一个开启新纪元和排除万难的大师指引。”

我也曾质疑过自己选择的路是不是正确，在我创业初期，这种想法几乎一直伴随着我。后来，我学会了预估新环境中可能遇到的风险，只有这样才能做出应对各种情况的计划。

不过，在我开窍之前，我只是一个刚刚从康奈尔大学毕业的职场新人，我的第一份工作是在美好生活酒店连锁企业创始人奇普·康利手下干活。奇普是一个创造力很强的智者，他能包容员工那些疯狂的点子，乐意让员工提出与众不同的想法。于是，我这个22岁的拥有过度自信的年轻人，不断地为新产品和服务提出建议和“更好的”战略。毕竟我在世界上最好的酒店管理院校读了4年大学，我应该对每个问题都对答如流，对吗？多年以后，我想如果我当时有现在的经验，我就不会显得那么幼稚。

现在看起来我那些建议是多么不现实和不实用，然而奇普总会耐心地指出我的建议中被我忽略的问题。不久之后，在我的建议一次次被拒绝后，我开始质疑自己的能力。我真的适合这个行业吗？我给自己定的目标是不是太高？我是不是应该辞职，选择进入传统的银行业、咨询业或是企业？

一天，奇普察觉到了我的闷闷不乐，问我发生了什么事，于是我把我的想法告诉了他：我觉得我在工作上让他失望了，我没有同事们有能力。

“别傻了，你做得很好。”奇普的话消除了我的疑虑，“我录用你是因为你总能提出新点子，我不需要你知道所有问题的答案。”

我对他表示了感激，但我还是觉得与我共事的人比我懂得多。

“也许吧。”奇普的语气里带着罕见的厌恶，“那是因为他们只会提出简单的问题，而不敢去挑战更难的问题。他们从来不想进步。你不会从他们那里发现精密的点子。”

“而你，无时无刻不在渴望进步，实话说，有时甚至有点儿过了。”奇普继续说，这验证了我是不是快让他发疯了的推测。“但我更希望你保持这种状态，而不是犹犹豫豫，因为你总是担心别人对你的看法。”

“记住。”奇普说，“每个人都是空有皮囊，外表光鲜。”

“什么？”我问，不明白我们怎么又开始讨论这种有深度的问题了。

看我一脸的疑惑，他大笑起来，说:“热爱表现自己，觉得自己没有任何弱点，这是人类的天性。同时，我们还会低估自己的能力，不切实际地放大自己的弱点。如果你会读心术，你也会看到他们的担忧与自卑。”（我发现，奇普的这个发现也适用于形容各种企业：无论规模大小，工作量多少，公司架构或企业文化如何，一般都是外部比内部要光鲜。差不多我在世界各地所见过的公司、院校、非营利组织、私营企业或咨询公司，在局外人看来光鲜，却在知情人那里显得一文不值。）

我能明白奇普所说的透过别人的眼睛看问题。我也很感谢他对我怀有这么强的信心，但我还是不知道他把我留下，想让我发挥什么样的才华。因此我抛开了自尊，直截了当地问他：“如果我提不出好点子，你当初又为什么雇用我？”

“只要能提出问题，就终将能找到答案。”他说，“你比别人都有预见性，就像打曲棍球时你更能预测出接下来的传球路线。现在你虽然感觉有点失落，可有了经验后你就会让其他人黯然失色。”

多年以后，我和霍华德坐在咖啡馆里，我回想起那段对话。“在那之前，我从没像奇普这样把我的优势看得这么清楚。”我对霍华德说，“他的思路对我发现自己那些强有力的优势很有帮助，这使得我在之后的职场生涯中做得很出色。如果没有他，我是发现不了自己这些内在优势的。”

霍华德点点头，重复了一遍那句话：“人都有光鲜外表。”我觉得奇普的精妙短语有时的确有如雷贯耳的效果。我们很容易受到危机感的影响，从而使我们能力发挥的效果大打折扣。很多人都会低估自身的潜力。定期“刷新”你的自我评估是很重要的，要随时在新形势下转换自己的角色。因为很少有上司会主动走到你面前告诉你：“你需要更大胆一些，虽然也许你对现状很满意，但你可以挑战更重要的工作，因为你有那个能力。”

“看来伯特就属于这种少之又少的幸运儿。”我说，“但对于其他人来说，想要让自己的职业之路走得更远，有什么好办法能让我们把专业技术和潜力发挥出来呢？”

霍华德啜了一口饮料，在回答前稍微思考了片刻：“有几个办法。”

“首先，不要去管你的缺点。把注意力放在挖掘和发挥你的能力上面。”看我很不解的样子，他继续道，“我知道，大多数人都觉得这是有悖常理的。还在幼儿园时，老师就教我们要勇于发现自己的不足，这样才能加以改进。但是，人类可能有上千个缺点，我们改掉缺点的能力也是有限的。而我们的缺点一般又都涉及我们不感兴趣的事，而要改进自己又需要投入很大的精力和情绪。总之，太重视你的缺点，只会导致你的失败。”

“但是每份工作都有对能力的基本要求，有时你为了能达标也需要改进自己某些方面的弱点。”我反驳道。

“保险起见，千万别做你心里没底的事。在你擅长的领域发展，能够激发出你更雄厚的力量。记住，即便需要你发挥能力，也不意味着需要你做到事事完美。”

“刚来到曼哈顿工作时，”我说，“我不明白为什么那些最高的大厦都集中在中城，而上城和下城都是些矮得多的楼。现在我明白了，原来中城的地质最稳固，最适合建高楼大厦。这印证了你的隐喻，要将你的职业生涯建立在最稳妥的基础上。”

“没错。”霍华德说，“在研究过那些成功领导者的经验后，更加印证了这个说法的正确性，成功源自发现自己擅长的，然后坚持做下去。所以我说，在你擅长的领域发展，才能让你在公司里找到适合你的位置，进而全面发挥你的潜力。”

挖掘个人职业潜能的第二个关键因素，霍华德建议是假想一下你在什么领域会比较有优势，想想在这个领域中你都处于过什么情境，做过些什么，问自己一系列的问题：

无论是在工作、志愿活动中，还是社会交际中，在什么情形下哪些工作中我觉得自己的能力和特长能得到最大限度的发挥？

在什么情形下人们会乐意接受我的帮助，并且热切地希望我能加入到他们当中去？

以上列举的情况有什么共同的模式或共性？基于这些信息，什么样的条件下我才能最大化地发挥我的长处？

这些条件在哪些职场角色中有所体现？是在当下的工作还是其他什么地方？

“你应该问自己每一个问题。”霍华德说，“然后再把你的答案拿给熟知你的人，伴侣、好友、可信任的同事或前同事。告诉他们，你在寻找自己的职场优势以及最大化利用这种优势的方式，记住无论他们给你的反馈是对你有所帮助的，还是毫无用处的，你都要心存感激，要把它们都当作有用的分析数据。”

在思考这些问题时，他补充道，要注意在非典型的情况下你也要合理地利用自己的长处。“要保持开放的心态，通过一切可能的方式、办法、角色发挥你的长处，以实现你对精神遗产的追求。可以效仿一下那些跟你有类似优势的成功人士。”

“记住。”他提道，“不要让自己为了经营自己的事业而成为一名‘经营者’。”

这句话让我想起我的一个老朋友芭芭拉，我们是在工作中认识的。我告诉霍华德，芭芭拉最大的优点就是她拥有积极的人生态度，头脑灵活，积极主动，她还拥有韩国武术跆拳道的黑带。她热爱与人共事，但朝九晚五的人力资源和专业培训的工作使她感到厌倦。因此，芭芭拉将她的特长加以利用，创办了一家职场女子防身术培训中心，拉来一些商务企业、健康推广公司和其他一些团体做赞助商。一段时间之后，她的这个项目发展成了健身中心，甚至还有在职培训。“她知道沿着这条路发展下去，她不会致富，因为她会面临一些从未接受过的挑战，比如财务和债务的管理。”我对霍华德讲，“但她现在每天都过得很开心。她觉得能这样开发和利用自己的优势是很好的体验。她喜欢用这种方式拓展她的人生道路。”

“谁也想不到这个商业点子行得通，对吗？”霍华德开玩笑说，“不过芭芭拉能打破传统职业规划的限制，发展自身的优势，很值得肯定。”

时钟响起，已经是中午了，我要去见客户，而霍华德要和他的儿子安迪吃午饭。我们喝完卡布奇诺，溜达回我住的酒店，霍华德的车还停在那里。在走回去的路上，霍华德又做了一些补充。

“艾瑞克，我们说了这么半天，假设的前提都是在现有的情形下我们无法发挥自己的优势。但是很明显，现实中有许多不符合我们所说的情况的案例，也许我们在所处的环境中还有进步的空间。要知道，在学习和成长的过程中，很多短期的困难是可以克服的。在这样的情况下，你就要确定你紧紧抓住了当下每一个机会。

“例如，没有获得晋升机会或没有得到渴望的项目确实是件很郁闷的事，尤其当你是第一次遇到这种情况的时候。但这不意味着你走进了死胡同。如果我遇到这种情况，我会主动去和决策者沟通，试着理解他们的意图。我会问他们如果我想获得下一个机会的话需要做哪些改进。我也会问问他们能否增加一些机会，这样让我在完成手头工作之外还能接触一些新挑战。或许在我拓展技能和证明了自身能力后，能够得到老板的赏识。”

“如果你得到的回应都是否定的呢？”我问。

“我说过，利用他人提供的一切数据。消极或无用的回复也可以视为积极的。如果你在听到此类信息后能诚实地面对自我，实际上这些信息更有用。”霍华德回答道，轻轻在我肩膀上拍了一下。

回到他的车子旁，我拥抱了他一下。他祝我回纽约的路上一路平安，并问候了珍妮弗和孩子们，然后上了车。我看着他开车离开，心想我能认识这么睿智和善良的人真是天大的荣幸。除了他为人所知的光鲜面、多年极其成功和显著的事业，他还可以读透别人的内心。他既能理解二十几岁职场新人内心的不安，也能理解四十几岁中年人急于寻求新发展的迫切渴望。这就是为什么说霍华德是一个智者的原因。

他给这两类人的建议都是：很多人在生活工作中感到成功而充实并不是因为他们技艺超群，信心百倍，而是因为他们都有自己对于成功和卓越的定义，并且一直朝着自己心中的目标不断前进着。

嘉宾故事：鲍勃·皮特曼

在与鲍勃·皮特曼进行过一番深入广泛的对话后，我坐在这里，不由自主地试着把鲍勃两个截然不同的形象融合在一起。

第一幅画面是鲍勃给人的整体印象：他是有线数字娱乐产业真正的先驱；同辈中极具完善营销眼光的人之一；慈善活动的领头人，凭借在教育领域和反贫困活动中的卓越贡献而荣获肯尼迪总统奖。

这幅画面是建立在鲍勃几十年来所创建的丰功伟业的基础上的。鲍勃成功打造了MTV台和VH1台；他为学龄前儿童创建了儿童有线电视网；他还是将MTV台从电视网打造成有线网的第一个收费网络。此后，作为美国在线的总裁，他为AOL创造了巨额增长——他使在线传媒和在线贸易走入了美国的主流社会，在AOL和时代华纳的并购中扮演了极其重要的角色。在远离聚光灯的投资行业闯荡了几年，成立了一系列公司后，鲍勃又迎来了人生中的另一个巅峰挑战：他坐上了世界最大媒体集团清晰频道广播公司的头把交椅。这家公司拥有世界规模最大的广播集团（目前已有850档电台节目，而这个数字还在被刷新），还有可能是世界最大的户外广告运营商，最近又推出了iHeartRadio应用程序。这些年来，鲍勃在慈善界和非营利组织做出的贡献也颇多——协助创办了MTV台的“拯救生命”演唱会活动，推出美国在线的网络教育项目，在纽约城和纽约公共剧院成立救助贫困人士的罗宾汉基金会，他还是红斑狼疮研究协会的董事会成员。

与这种“世界之王”形象同在的还有鲍勃的另外一面：一个出生在密西西比杰克逊的年轻人，在20世纪五六十年代的南方种族隔离区长大；他的父亲是一名卫理会白人牧师，因为在卫理会教堂中提倡种族融合而遭到三K党报复；鲍勃的生活很贫苦，在高中和大学时期他一直半工半读。

如果你对鲍勃了解不深，初次见面时你是不会想到他曾有过这样的经历。你甚至不会注意到他的口音——他的声音很低，吐字清晰，这是他的第一份职业，电台主播为他打下的基础。随着你与他谈话的深入，就能发现在他从男孩成长为男子汉的过程中，他的智慧、品德和性格都从未改变。这其中的内在关联就是他最显著的特点。

他童年的一段经历对他产生的影响在他的人生中留下了深刻的烙印，改变了他对自己的认知和他同世界打交道的方式。这个经历就是，当时只有6

岁的他从马背上摔下来，最终失去了一只眼睛。

“在我回顾往昔时，失去一只眼睛对我的人生经历产生的影响实在太大了。”鲍勃回忆道，“在那个年代，那个地方，大家对待一个身体有残疾的孩子是十分无情的。我每天都会被别人欺负，日复一日，我感觉自己就像个多余的人。雪上加霜的是，我必须习惯人们不会把我看作是鲍勃，而是把我看作是少了一只眼睛的孩子。”

我问他在开创了事业之后，往日的经历对他有着什么样的影响。

“首先我真的很高兴能够离开密西西比。我接受了电台的工作——一开始是播报，然后是策划，我去了密尔沃基、底特律、匹兹堡和芝加哥，最后在接受了WNBC（编者注，美国一家商业广播电视公司）的工作后留在了纽约。”他回答道，“实际上，或许我是我家里第一个离开南方的人，我的祖先在19世纪就到达密西西比了。”

“在20世纪60年代的人权斗争中我也曾十分激进，因为我知道被社会冷落的滋味，因此我做了很多相关的社区工作。”

“从职业角度来说，我的经历让我能更从容地面对挑战。也让我拥有比周围人更多的看待事物的不同视角。这培养了我的个人能力。”

“另外，我也非常愿意帮助人们取得进步，帮助那些有能力的人获得他们值得拥有的。如果我可以作为领导者建立一支团队，我愿意让每个人都感受到自己的重要性，团结积极地投入到我们的工作中去。”

我问鲍勃童年的那些经历是否会让他感到气愤或沮丧。

“毫无疑问，我依旧忘不了那些艰难的经历。但是我天性乐观。”他解释道，“我相信生活就是一场旅行——是各种经验的集合体，即便是消极的事物也会让你学到不少东西。正是因为经历了这一切，才有了今天的我。”

“生活中的所有事都是新事物的跳板，”他总结道，“我认为获得幸福的关键就在于始终要用积极好学的眼光看世界。”

MY LAST CLASS AT HARVARD

第8章

镜中的马赛克

这不像你从架子上取下一件西装，西装上面还标注着“成功”“圆满”或“富足”，你只要穿上就行了。这种事是不可能发生的。

霍华德出生在历史上一个动荡的时期，刚刚摆脱了经济危机困扰的美国又要面临一场前所未有的军事冲突。霍华德出生于1941年6月，20世纪30年代的经济大萧条刚刚退出历史舞台，紧接着第二次世界大战却拉开了战幕。6个月后，珍珠港遇袭，直到2001年9月11日前，这都是对美国最沉重的打击。

霍华德就成长于犹他州霍拉迪的一个小镇，在这样一个充满变动的乱世中，一个男孩更希望能得到经验十足的年长者的指引。他发现加入童子军训练营是一个好办法，于是他在12岁那年加入了童子军，并以惊人的速度赢得了优胜勋章，提前进入了本该是14岁等级的“鹰级童子军”。加入童子军的经历对他影响颇深，他们的格言“时刻准备着”，恰恰也适合商界企业家们。同时，他也深深懂得了团结协作的重要性，还获得了强烈的为社会服务的意识。

宗教信仰是犹他州的重要组成部分，在霍华德成长过程中他经常会向耶稣基督后期圣徒教会（也称“摩门教会”）寻求帮助。虽然他一直认为自己是有神论者，但在青春期早期阶段他的逻辑分析能力开始萌芽，他开始觉得自己对摩门教义产生了怀疑。虽然他身边的人因为他缺乏宗教热情而感到有些失望，霍华德自己也觉得与周围格格不入，但在家人的帮助和不断学习下，他最终找到了人生信仰的道德指南。

除了对于宗教信仰的分歧，霍华德的家人在其他方面给他了无限的支持与指引。在霍华德出生时，他的父亲拉尔夫还在海军服役，实际上就是在日军袭击的珍珠港服役。斯蒂文森一家就住离海军基地不远的地方，只有6个月大的霍华德可能都能听得到炸弹爆炸的声音。拉尔夫在“二战”中表现出色，在最艰苦的太平洋战争中负责军事指挥通信任务。战争结束后，他凭借自己在通信技术上的经验开创了自己的事业，他先是开了一家收音机用品商店，然后又开发了定制音响系统，最后成为美国西南部地区最大的音响制造商。

拉尔夫性格温和，是一位慈爱的父亲。他一直鼓励霍华德对生活提出疑问。霍华德从他父亲的事业中学到的东西太多了。比如说：为什么他要卖出这个产品，而不是那个；为什么他要和这个人做生意，而不是另外一个人。他从父亲那里学到的最宝贵的一课就是价值永远不是体现在嘴上，而是体现在日复一日的行动中。我从霍华德那里听到他说得最多的关于他父亲最珍视的价值就是“为有需求的人提供帮助”和“让人买到的东西物有所值”。

“鉴于这些原则。”霍华德开玩笑说，“我父亲从来也没有成为一个富翁。可另一方面，无论他走到哪儿，都会受到人们热烈的欢迎。”从我的角度来看，霍华德完全继承了他父亲的价值观，并且将之发扬光大。他永远都不会拒绝向同事、学生、朋友伸出援手；作为一个商人，他知道如何既能让客户感觉物有所值，又能让自己赚到钱。因此，像他的父亲一样，无论他到哪儿都会受到人们的欢迎。他这一生中所到的地方和见过的人简直数不胜数。

多萝西·斯蒂文森是霍华德的母亲，也是他生命中很重要的一个人。虽然她只有高中文凭，但她却拥有灵活的头脑和强烈的好奇心，霍华德从她这里继承了这些品质。这样一个传奇般的女人，性格中有特立独行的一面，她是犹他州第一位获得无线电操作员资格的女性，她不屈不挠的性格特点在霍华德身上也有所体现。

霍华德的婶婶、叔叔和他的祖父母和他家住得很近，这些人对他的影响同样很深。他有一个身为专业会计师的婶婶，从她那里霍华德学到了对财经的敏感。他的叔叔是个颇具创意、勇于跳脱常规的商人，他坚信“这个世界上没有坏点子，只有没有实行过的点子”。霍华德的祖父是一个酷爱登山的户外运动爱好者，年满85岁时依旧对探险抱有无穷的兴趣。

回头看看霍华德的家人遗传他的这些性格基因，我们似乎可以倒推出是什么塑造了现在的霍华德。但是霍华德从20世纪四五十年代犹他州的人身上获得的品质、视角、经验，与如今他所成为的这个成功人士之间并不能画等号。比起其他成功人士，我所知道的霍华德是一个靠自己的力量成功的人。一方面，他的父母没有留给他很多钱，财富积累上他算是白手起家；另一方面霍华德读到高中都根本没有听过“企业家”这么个词，而且在1959年读大学前他从来没和有MBA学位的人打过交道。

霍华德是一个自学成才的标志性人物。他尊崇他的家庭，尊重他身边的社会，从他的老师那里学到很多，霍华德从来不把某一个特定的人当作自己的偶像。他从没把自己当名人，也从不步别人后尘。相反，为了指导自己，他构建了一个“马赛克”样式的集合体，这个集合体包括他自身获得的经验、教训、意见、原则、理念。通过这个集合体，可以使自己对自身、他该做什么、未来的路在何方有一个更为清楚的认识。

霍华德的马赛克概念是让我对他极为崇拜的原因之一。我真的很欣赏这样的理念，虽然借鉴身边人的经验和知识，但不照搬他们的路数。你对自己想成为什么样的人有个多层面的构想，这是你综合吸收你周围的人的优势的结果，但不是刻板地照抄。

我成长在新泽西郊外的一个中产家庭，我的家离纽约市区只有1个小时的车程，但我的家乡似乎缺少那种社交、文化和经济共存的大环境。我的高中同学几乎没有去读大学的。人们对成功的定义是“拥有一份能干一辈子的工作就足够了”。我母亲是一名拥有30年教龄的小学教师，在我父亲的生意经历大起大落时，我母亲的收入就用来平衡家庭收支。他们工作都很辛苦，虽然我们的生活并不富裕，但我和我的姐姐也没有缺衣少食。我们既算不上贫穷也算不上富有。我们像很多家庭一样也经历了20世纪八九十年代经济大起大落导致的艰难时刻。

对我来说，在成长过程中我和家人之间总有种“距离感”，我父母总是开玩笑说在我出生时肯定跟别的孩子搞混了。他们的性格直来直去，低调而普通。而我总是尝试新东西，寻求冒险，希望自己能够出类拔萃。我是高中班上唯一的犹太人，而我所处的环境对我来说发展的空间实在是太小。幸运的是，我最好的朋友维克拉姆，印度裔的移民，他像我一样似乎也与周围这个狭小的环境存在“距离感”，也在努力靠自己的头脑跳出这个限制多多的环境。

维克拉姆和我在对职业前途的距离感看法上有些共识。我们都想去征服世界，勇攀高峰，而周围能理解我们这种野心和理想的人却少之又少。我们身边其他的朋友都不像我们这样内心充满各种疯狂想法和远大目标。同样，我们身边也没有什么值得我们学习的榜样，没有人指引我们踏上一条正确的通往梦想的职业之路。但这对维克拉姆来说更不是问题，他是一个十分专注、自信并且能够坚持到底的人。在很小的时候，他就确定了他的职业目标——他要成为一名华尔街的精英，此后他就为自己的梦想而努力奋斗着。（现在他是一名十分成功的投资人，兼职普林斯顿的教授及作家。）

我的职业目标则没有这么容易就定下来，其间还颇费了一番工夫。（试想一下，1988年我上高中那会儿，如果你的雄心壮志是“勇于创新，发展人脉，创业奋斗”，那要走什么样的人生路呢？）因此，我感觉有些迷失了自我，就像走失在新泽西西北部的森林里，因为没有指南针的指引而盲目地兜圈子。

谁承想，我人生中的头两位引路人就在前方等待着我，就在位于新泽西州西北部最大的淡水湖边的森林中。说得再具体点，在湖边一家名叫杰斐逊的夏日餐厅中，我的领路人们正在忙着做晚饭、倒饮料和招待客人。

比利•奥思和艾伦•奥思是一对兄弟，他们两个负责经营杰斐逊小屋餐厅。他们一个不到40岁，一个40岁出头，从他们的父亲在四五十岁时买下这里开始，这家餐厅已经经营了二十几年。这些年来，他们的生意越做越精，越做越多样：这个餐厅在夏季正常营业，在淡季只承办酒席。

我第一次见到他们时，刚刚读完九年级。我和家人去过几次杰斐逊小屋餐厅，我非常喜欢那种被碧波和森林环绕的静谧环境。我喜欢趴在湖边的餐桌边看船只进港；我也很喜欢这家餐厅的老板们，他们给我的感觉就像是超大的可爱友好的芝麻街布偶。因此，在选择去哪里打暑期工时，我想不出还有什么地方比这里更适合我了。虽然我没有工作经验，但老板兄弟俩被我的热情所打动，让我负责烤汉堡和鸡肉，还有炸薯条。

在我给他们打工时，艾伦和比利已经靠这个餐馆挣了不少钱。他们随时都可以退休。但钱不是他们经营的重点。他们享受每天的工作，如同他们能从烤肉和与顾客谈笑的过程中汲取能量。

艾伦原本是一个电脑工程师，后来突然跳进了餐饮业这个圈子。在闲暇时，他喜欢在杰斐逊小屋里利用一切工具和系统倒腾电脑，修修补补。他这个人胖乎乎的，总是留着凌乱的发型，蓄着大胡子，喜欢穿旧短裤和马球衫。他这尊容不像是个头脑灵活的科学家，反倒像个在厨房里忙翻天的大厨。我觉得最有趣的一点是一个本可以在美国宇航局工作的人却如此热爱他现在的职业——烹制汉堡包。

比利则负责餐厅的台面工作，招揽回头客，安排服务生上菜、调酒、收拾桌子。他拥有能让所有人都保持好心情的能力。他个性洒脱、热情，机智风趣，即便在服务生忙不过来，客人抱怨等待时间太长时，还有遇到有人喝多了闹事时，他都不会发脾气。作为一个年轻人，我非常佩服比利的应变能力，有次他甚至“带领”一个成心闹事的讨厌鬼下河去游了一圈，这举动赢得了所有客人和员工的掌声。（而艾伦在遇到问题时就会采取直截了当的应对方式，比如手握他从厨房里带出来的铁锅站在不远处虎视眈眈。）比利是我遇见的第一个真正意义上执行“公关”的人物。也是他决定让我在厨房里给他兄弟打下手，这样就可以让艾伦有机会照顾下餐厅的其他生意，或者抽空休息一下。

连续3年夏天，我都泡在餐厅那火热嘈杂又拥挤的厨房中，而且乐在其中。我喜欢和艾伦一起工作，他是一个善良、有趣，脑子里充满疯狂想法的家伙。我喜欢在休息时间趴在露天餐桌边，跟比利和一大群友好健谈的客人东拉西扯。在下班前，我把厨房锁好，跑回到桌边听兄弟俩谈论这一天的收获。他们的话题面很广，甚至包括各种闲扯，但这一切对我来说就像是一个迷你教程，教会了我如何运营、管理以及面对每天挑战，最后成长为一个拥有责任心的成年人。（尽管艾伦和比利都不承认他们这样神通广大。）

我怀念起这些夏日时光是有原因的。我喜欢在那样令人沉醉的地方，站在码头边感受微风拂过湖面带来的清凉。但最重要的原因是，艾伦和比利是引我走上商业道路的领路人。起初我并没有意识到，原来他们就是我最早接触的企业家，从此从商的种子才在我心里开始萌芽。他们以自己的实际行动——与客户建立的良好关系，与员工相处的模式，为我做出了很好的榜样。他们非常注重团队协作精神，而且对待身边的每一个人，无论是员工还是客人，都像家人一样充满了关爱。他们对我确定职业人生目标表现出了极大的支持，还为我写了给康奈尔大学的推荐信。直到今天，他们都是我的助推器，每次都满腔热情地迎接我和我的儿子们的到来。

比利和艾伦对我生活的影响非常大。他们在我从男孩过渡到男人的这个阶段起到了桥梁的作用，也是我过去25年的职场和个人社会交往的启蒙老师。虽然我并没有完全按着他们的职业路线发展，但我依旧把他们当作是我的偶像。他们的价值观让他们拥有广泛的朋友圈，并且生意兴隆。我也把他们当作我的第一代领路人，他们的支持和建议引领我接受了相关的教育，走上了职业道路，并且用他们的经验和创意让我懂得了什么是“生意人”。他们用自己的方式塑造了我一生的职业道路。

＊　＊　＊

我曾不止一次看到别人做了蠢事时，霍华德失望的样子。（一般当你第一次犯错时他不会做出消极的反应，虽然有失望，但他还是会给人留一些面子。但如果你是第二次犯错，你就会看到他垂下眼睛，失望地摇头。）我见过好几次在遇到别人故意歪曲或误解事实时他发火的样子。

我依旧记得，那个让他对我失望的时刻。

有一次我们在洛根机场等航班。我们又讨论到精神遗产的话题，他问了我一个很难回答的问题——他问我当追求两个利益相互冲突的目标时，我会如何处理。而我当时轻率地回答：“其实吧，霍华德，我只想根据你的生活经历写点儿东西，其他就顺其自然吧。”他挥挥手表示不接受我这个答案，又问了我一遍那个问题。“真的。”我回答道，“除了听你的话，还有其他更好的选择吗？”当时我自以为聪明地想开个玩笑，现在回想起来，我的确也在寻找一个简单的解决办法逃避他的问题，所以我才会选择对问题视而不见。

霍华德很容易就发现了我脸上那种逃避问题的神情，我想拿“霍华德•斯蒂文森是榜样”做挡箭牌，他脸上的表情从刚才的温和好奇变成了严肃认真。“拿我当榜样是一码事。”他的声音听起来冷冰冰的，“但如果你只想做我的克隆人，那我可真会被你气死的。”

这句话就像打在我脸上的一记响亮的耳光。我呆呆地坐在那儿，等回过神来时，感觉羞愧难当。

大概他也意识到自己的语气过重了，于是他用温和的口气说道："你看，艾瑞克，你能这么崇拜我和我的处事方式，我非常感动，你在一定程度上还把我看作榜样。"

"不只是在一定程度上。"我说。

"好吧。"他接受了我的回答，"我之所以反应这样强烈，大概是因为在我这个位置培养跟自己一模一样的接班人是很诱人的事，我从前的学生就有直接把我的想法和经验运用到他们生活中的实例。高等教育的目的就是这个，无论是商科、文科还是体育学科。你也见到过一些相似机构组织架构里，无论规模大小，营利与否，所有的领导都鼓励个人崇拜。但我工作的目的不是为这个，我已经受够了身边的这些个固定模式。"

"还有，我已经看过太多人们想要一劳永逸地实现职业目标的例子，而往往他们不能得偿所愿。"笑容重新出现在他的脸上，声音也变得轻快起来，"如果身边的人都在以同样的方式做事，那么我们身边就充满了穿着小丑服的克隆人。这种方法也许可以让你一时成功，在做事时省时省力。可时间久了，人们就会在工作中迷失自己。当他们看着镜子里的自己，却只看到一张打着马赛克没有个性特征的脸。"

霍华德被我们航班的登机通知打断了。我们拿上行李，在走向舱门时他继续说道："很多人，不只是年轻人，认为前辈的经验和模式是可以复制的。但这其实是误导，别人的经验不一定就完全适用于你的情况。连遗嘱都是按照个人的条件订立的。正是因为每个人经历的情况不同，才使得某种方式对某个人来说格外有效。老话说得对：不能两次踏入同一条河流。同样，你也不能完全照搬你的偶像的经验，还希望自己有同样的收获。你们经历不同，知识结构不同，周围的人也不同……那不适合你。"

他冲检票的乘务员致以微笑，结束了他的思考过程。“这不像你从架子上取下一件西装，西装上面还标注着‘成功’‘圆满’或‘富足’，你只要穿上就行了。这种事是不可能发生的。你需要认真思考下你为什么佩服你的偶像，他们的闪光点在哪儿，你在设计目标和面临选择时怎么借鉴他们的优点。”

在登机通道里，我仔细想了想霍华德说的话。很明显，选择现成的模板用到生活中，套用别人的价值观是要容易得多。看起来是个好办法，又快又省力。

但时间久了，就会发现，这既不省力又不合理。

要是你真的想当一个克隆体……抱歉，现在科技条件还不允许。不过我希望能够成为霍华德，只要不离婚、患心脏病或是教书。（实话说，古典乐我倒是也可以放弃。）我希望拥有奇普·康利的事业，不过我不要住在旧金山，因为我的妻子和孩子离不开在新泽西的祖父母和表亲们。我仔细想了想，觉得我现在的事业比他的要酷很多。

霍华德提醒我，人生最美妙的一点是每个人都是一个独一无二的个体，不管我们自己和社会环境是多么努力地想要把我们塞进那种理想化的模具。（他最爱的一句格言是查尔斯·舒尔茨的“还是做你自己吧，别人的自我已经有主儿了”。）

他还建议，更好的办法是给自己找一个模范或榜样，从这个角度激励自己诚实地面对自己内心的真实想法。细致观察和仔细思考别人是怎么确立自己的精神遗产，然后定位自己的。不要一味地模仿别人，你需要通过收集的信息来确定对你最有用和让你最满意的改进方式。

我希望更深入地谈一谈这个话题，很明显，霍华德对树立榜样这个问题，从内涵到实质上都看得非常透彻。我还想听听他有什么更高明的见解。在我们落座后，我问他：“如果让你现在选一个榜样，你会选谁？选他的依据又是什么？”

他想了想，说："我有几点建议。首先，我会告诉自己一个榜样意味着什么，又不意味着什么。"他停顿了一下，顽皮地一笑，"榜样应该是存在于成年人想象中的朋友。"这个回答带着明显的霍华德式色彩：纯真而暖心，简单而中肯，有趣而实际。"榜样不过是一系列的故事，是我们有选择地从这些人自己诉说的人生经历里挑出来的。榜样不过是存在于我们大脑中的一个静态图像，是不会时时更新的快照。榜样可以反映一个人的未来走向如何，但依据我们刚才所说的，这种反映也不是完全精确的。"

"根据我的经验，只拥有单一榜样是错误的。榜样不该是单一的，而应该是结合了多方面——由许多不同图像组合而成的结合体。榜样应该是一个由各种各样你想成为的角色组成的一幅马赛克式的拼图。而每个单独的图像都应该在现在或将来与你的特质和个性关联着。"

"我刚还在试想怎样才能把这些头发花白的榜样的图像想象成存在于幻想中的朋友。"我说，"但你说的马赛克这个概念让我理解了。"

"很好，接下来就要说到我的第二个建议了。"霍华德说，"我要说说挖掘榜样的力量的不同角度。一般来说有以下3种：精神遗产、事业和组织或者说职业。这3种视角是3种不同的方面，也不可避免地存在着互通性，是打开你视角的'窗口'。"

当通过这个"精神遗产"窗口寻找榜样时，他说，可以反射出你希望自己成为什么样的人。你借助他们的经历帮你完善和精炼自己的精神遗产。你不是一股脑儿地拷贝别人的经历，而是在筛选适合你的方法，比如他们的道德高点，他们投入精力的方式，家人和朋友在他们生命中的位置，他们是否富有同情心或与人为善，还有他们如何奋发向上实践诺言。最后，你要探索他们希望对世界做出什么贡献，而这会不会也给你带来关于精神遗产的灵感？

霍华德提议，在"职业"这个方面，要选择与你处在同行业中的榜样，这个人所做的选择也许恰好能让你在事业上产生灵感。"这是一个比'精神遗产’微观一点的层次。这是让你可以发挥个人特长的窗口，可以让你对将来如何大展宏图有个大致想法，也可以及时认清自己不足的层面。”

霍华德指出“组织”和“职业”窗口是三者中角度最微观的一个。“这一个对目标的限制最小，主要是为你提供达成特定组织或专业的目标。以一个组织或专业的榜样为目标，证明你自己的能力，在你现在的老板面前力求机会，物色发展机会，用你自己的能力开拓出一片事业。”

“我想职业或组织的榜样都有很多‘可预测的价值’。”我说，“缩小范围，使得变数大大减少，你可以更好地预测哪些价值在将来是对你有用的。当然，他们都是一些需要你重组的价值，不能来者不拒地全部学来，要按照自己的需要，拼出适合自己的马赛克。”

“你说得很好。”霍华德回答说，“把这3个层面相互融合是很重要的。我说的不是简单地黏合这几个方面。你要想清楚，自己到底想成为什么样的人。”

“那你的马赛克图像里涵盖了多少人？”我问他。

他想了一会儿，说：“实在是太多了。10个，20个，甚至更多。我从来没有统计过。这其中当然包括我的父母、我的妻子弗雷迪，还有哈佛商学院以及公司的同行们……在我事业中被我当成榜样的很多人的具体形象已经淡化了，结构就像金字塔，顶上是精神遗产的榜样，中间是事业上的榜样，最下面是职业榜样。”

“多少其实并不重要。”他拍着我的膝盖说，“重要的是，我对自己是谁、要去哪里、能不能到达那里有没有一个清晰完整的图像。如果我没有，我能不能发现这幅图像中缺少了什么。就算我能说出一个数字，但这个数字也是在不断变化的。过去我有那么多的榜样，但当我遇到新的挑战，过去的榜样所发挥的效应也就没有那么大了，在前行的路上我还将遇到更多问题，也需要更多榜样。现在我关注的是‘我能从那些退休后还如鱼得水的人身上学到什么’。”

乘务员推来了餐车，我们要了两份苏打水，等霍华德喝完，我们继续刚才的话题。

“我的下一个建议非常重要。”他说，“出自多年前我还是一名童子军时的感想：把同你一起获得荣誉勋章的人当作你的榜样。”

“这我就搞不懂了。荣誉勋章？”我问。

“在童子军军营中，工作和学习都是有指标的，如果你在某一个学科表现出了非凡的能力和知识，就能获得一块荣誉勋章，但是你没法得到所有的勋章。即便在雄鹰童子军中，能力最高的学员也只获得了21块勋章。生活中也一样，你得给自己颁发荣誉勋章，反映出你的个人价值和你注重的‘个人维度’。”

“如果想要获得勋章，你就需要在家庭、名望、良好教育、服务社区还有致富方面为自己寻找一个榜样。不过不仅仅如此。”他说，“在一个方面获得勋章不意味着就可以不在其他方面努力。你一定要明白，赢得一个勋章也应该促使你向其他方面发起冲击。举个例子来说，在你获得了工作上的勋章之后你会发现代表良好身体素质和健康的勋章也同样重要。”

“你说的听起来似乎很简单。”我说，“但在现实中人们大概都不会停下来想想榜样的现实作用。”

“我们很自然地想到去模仿我们遇到的成功人士，但没有人会去注意这个人在生活中受到的其他影响。比如你找到了一份新工作，你认识了这家公司里的一些明星员工，你会不可避免地去模仿他们某一方面。这对你适应新环境和了解企业的文化是很有用的，但如果你单纯地去模仿他们，最后你会发现你得到的结果和你期望的大大不同。

“换个角度，一个渴望家庭生活的女人与希望在40岁前挣得亿万美元的总裁的目标是不同的。一个珍视同事友谊并且人缘很好的人和一心只想高效多产的经理所获的勋章也不一样。专注于研究癌症手术的年轻勤奋的外科医生和更愿意在高级美容整形机构工作的同事的事业目标不同，所获得的勋章也不一样。不管哪种选择更高尚还是更现实，他们在投入个人资源和生活目标上都有着本质的不同。

“因此，自身情况与榜样的不匹配会导致沮丧，表现为以下两种形式：你会为没有达到榜样的水平而自暴自弃，或者每晚你独自回到家会有无尽的自我否定感。”

他把空罐交给乘务员，换了一副严肃的腔调：“正因为人与人之间的不同，才会让人颇为费心地去给自己找一个适合自己的榜样。虽然有的榜样从表面上来看，的确是与我们相互匹配的，但实际上却有很多问题。”很明显他想起了自己的一段艰难经历，“在我刚到哈佛教书时，我发现很多教员跟我追求的东西很不一样。起初，我还想‘怎么会这样？难道我们来到这儿不是为了同一个目标吗？’。但后来我发现，答案明显是否定的。”

“你是怎么发觉的？”我问。

“我发现了两个问题。首先，他们只在意是不是完成了教学目标，却不像我一样能发现其中潜在的价值，也就是企业创业学科教育。甚至还有人企图劝阻我接受现有的教学方式。我写了一份教学案例研究，希望能把教育重点放在培养企业家上面，他们却说我这是老掉牙的做法。”他无奈地笑笑，“其次，他们很难接受新的观点。对我来说教育意味着一切，做一个好老师是需要很多不同的尝试的。老实说，他们中的很多人已经在一年又一年的教学过程中变得麻木了。”

“通过一些事情，我发现我想去效仿的这些人身上并不具备我想要的东西。他们对于成功有另一种意义上的解读，可最终他们也并不感到快乐。因此我辞去了哈佛的教职，并下定决心再也不会回到那里。那种环境下很难发现真实的自我。事实证明，哈佛教授型的榜样并不适合我的胃口，因为我所接触的这些人都让我没有兴趣视之为榜样。”

霍华德跟我说起他生活中的这段经历，一个希望自己能够全面发展的年轻教授的经历时，我对他当时决定辞去哈佛教职的勇气感到震惊。能在哈佛教书是全世界大学教授的梦想。而霍华德却在36岁的时候毅然离开，拒绝了这份终身合同，这在哈佛历史上是前所未有的。但是最后，我意识到他当时只能这样做，这对他来说才是正确的选择。当时他身边的人对他所珍重的荣誉勋章并没兴趣，因此他们也无法成为他心目中所想达到的目标。他非常超前地想到了他的精神遗产是什么，而这不是哈佛商学院可以帮助他完成的。霍华德的离任成了学校的转折点。几年之后，新任校长从全新的角度为哈佛商学院聘用了一批优秀的教员。霍华德，这位天生的老师，受到邀请重新上任并创建了学校的企业家教育项目。这段时间，霍华德终于认识了一批各有其优势的可以被他当作榜样的新同事。

“终于到了今天该总结的时候了。”他说，“真是可笑啊，这一路上我都在讲我这一生所做的选择和榜样。其实，我真正想说的是，”他假装自负地自嘲道，“即使你的榜样所说的的确都对，但你也不能照单全收。”

我大笑起来，搞得邻座的女士直看我。“说得太妙了。”我对霍华德说，“你随便说吧，反正我也不会买账的。”这回轮到霍华德的大笑引得那位女士直看了。

“大多数人在回顾自己的成功之路时，过分强调了他们人生道路的目的性。”他说，“有些人毕恭毕敬地仿佛祈祷一般地问：‘告诉我们你是怎么做到的。’榜样们则会说：‘我从一开始就清楚地知道走向成功之间的每一步，一切都如行云流水一般。’”

“他们这样说没有错，但他们每走一步时所遇到的困阻、障碍和重拾信心的过程都被他们无意识地忽视了。其实，事情可能是这样的，没错，他们是从起点开始到成功结束，但在他们行进的过程中可能费了好大工夫才知道怎样才能成功，而且在这个过程中他们不一定就是一帆风顺的，甚至还可能会倒退几步，你应该明白这个道理。”

“我明白，这验证了你的第一个观点。”我说，“榜样只是些案例罢了，帮助我们理解我们是谁，我们的目标是什么，怎样才能达成目标。但是最后，我们得知道怎么把这些案例与我们的现实相结合。”

“就是这样。”他点点头，“其实这是借助他人经验，发现适合自己的发展路线并确定目标的过程，别忘了想想别人现在的目标是什么，还有你为什么对他们感兴趣。千万别以为别人的成功都是理所当然，也千万别让自己走别人的老路。”

嘉宾故事：南希·布林克尔

艾瑞克·布林克尔和我已经是认识15年的老朋友了，我们刚认识时，他初出茅庐，在一家合资企业为我工作。在那段日子里他的从容不迫使我非常惊讶：虽然，他的父亲是一位成功的商人，而他母亲的大名则更是家喻户晓，但艾瑞克绝对是我认识的心态最踏实平和的人。他工作勤奋，思维敏捷，热爱家人和朋友。无论谁见了他，都会交口称赞：“真是个好小伙子。”

虽然我们已经认识了这么久，但我最近才有机会与他的母亲面对面，她就是美国著名的外交官员南希·布林克尔。实话说，在见面之前，我并不太了解她。可另一方面，我想培养出艾瑞克这样的儿子的，一定是位伟大的女性。另外，南希是一位颇负成就的女士，她名震四海。奥巴马总统在前些年为她颁发自由总统奖时就盛誉她为“可以抚平世界伤痛的镇静剂”。《时代》杂志也将她列为全世界100个最有影响力的人物之一。依照我在哈佛的经验，成就与谦逊并不是相互并存的。

在见面后，我发现南希·布林克尔绝对是我所认识的最温文尔雅的女士。开始我还以为她不会有时间见我，但她表示十分高兴见到她儿子的老朋友，接着就打开了话匣子。寒暄之后，我们开始聊起霍华德和这本书，她真诚地说："我不知道为什么你会想到邀请我作这本书的嘉宾，我可不像哈佛的教授那样聪慧，你知道吗？当年我的SAT分数可是伊利诺伊州最低的。在高中的时候我必须拼命学习才能获得好成绩。实际上，我那位已经92岁高龄的老母亲至今还在开玩笑说，那些赋予我学历和荣誉的学校打死也不会再同意让我重新回去。"她笑着说，"但我很高兴能帮到你。"

南希不过是自谦罢了，实际上她非常聪明，她知道我为什么想邀请她作为嘉宾：虽然她并没有故意为之，但实际上她已经成为了千万人的榜样。

"我觉得人们在生活中能有榜样存在是非常重要的，我也有属于自己的榜样。"南希回忆道，"我家族的女性就足以为我树立很好的榜样，女性在社会中的地位实在是太重要了。"她的祖母祖籍德国，帮助援建了佩欧利亚的红十字协会。她的母亲则在该地区成立女童子军夏令营的建设中表现突出，致力于宣传以善为本。"在我小时候，我母亲总会定期收拾整理我们的衣柜，如果发现有我们从来没穿过的衣服，她就会捐赠给慈善组织——不管我们想不想捐掉。她觉得我们不用的东西，肯定会有别人需要。"

这种为社会服务的传统由南希的姐姐苏珊继承了去。"她是世界上最好的志愿者，全心全意地关心着身边的人。"南希回忆说。

苏珊一直在与乳腺癌奋力抗争，但不幸的是，她还是在1980年，年仅36岁的时候被病魔打倒了，这对南希来说是一个充满悲痛的巨大的转折点。这个转折点促成了南希对苏珊的许诺，那就是研究出治愈乳腺癌的办法，使世界上其他像苏珊一样遭受病魔折磨的女人早日解脱。为了实现这个诺言，南希创办了苏珊·G.柯曼医疗协会，意在引领全世界的乳腺癌患者战胜疾病，这个转折点在过去的30年里一直支撑着南希不断前进。（南希在2010年出版的图书《答应我》中对创办苏珊·G.柯曼医疗协会的过程进行了详细的叙述。）

南希在致力于让协会在科学、医疗、公共卫生领域成为先驱的过程中投入了极大的热情、精力和脑力。自成立以来，这个组织已经在乳癌治疗、教育、检查等项目筹集了约2亿美元的专项基金。这个组织的覆盖范围遍及世界55个国家，致力于帮助患病的女性（及男性）。从1983年创办以来，苏珊·G.柯曼医疗协会范围已覆盖全球，参与者从当时的800人增加到今天的50万人。

"每当人们说起我是多么知名并且把我看作是榜样，我感到有点受宠若惊。我的目标不是这个。"她解释说，"相信我，'成名'可不是我想要的，我非常同意霍华德的名人文化论。但是，我是一个实干家，富有声望可以作为一种得力的工具，可以帮我达成最终目标：帮助全世界受乳腺癌折磨的女人摆脱病痛。"

不过她承认，每个人崇拜她的目的不同。她也知道，每个人都需要遇到挑战才会激起内心的热情。我问她能不能谈谈她希望人们怎样看待她。作为一个女人，南希经历了女儿、姐妹、妻子、母亲、女强人、外交官、作家、基金会董事还有生物医学研究的传播者的多重身份转变，她一定有很多心得与大家分享。她的3个想法深深打动了我，也许是因为与我和霍华德曾讨论过的话题有关。

"纽约著名慈善家玛丽·拉斯克，在我建立柯曼医疗协会时对我影响很深。"南希回忆道，"我认识她时她年事已高，但她的智慧和人生经验令我折服。我感到非常惊讶，她的支持者竟然可以组成一个联盟。她让我意识到，真正的改变可以让信念不同的人们团结到一起。我明白了如果你真的想解决大问题，就得先给自己定下长远的目标，建立真正的有创新的合作，做出承诺，然后竭尽全力履行承诺。当你拥有了这一切，就可以创造一种被我称为'超企业精神'的文化，人们可以信任对方，在实现目标的过程中甘愿为对方冒险和犯错，从而获得进步。"

谈到推动这些进步的动力，"我坚信不断发展和可持续变化在事物中发挥的力量，即便过程艰难，但你知道一切皆有可能。"南希说，"一夜之间的变化都有可能天翻地覆，丰厚的利润不是衡量成功的唯一标准。在很多情况下，只要能把最小的一块拼图放到位，就有可能获得极大的成功，生物医药科技就是很好的例子。我想告诉人们，柯曼医疗协会可以带动一个人、一个社区、一个州，甚至一个国家参与其中。”

像霍华德一样，南希坚持认为每个人都要对自己想成为什么样的人有一个清晰而且不断更新的认识。“对我而言，这种想法从未间断过，你不可能完美无瑕。”她说，“每天你都需要努力。从理想的角度来讲，你永远无法成为你想成为的样子，因为这个世界在不断变化，你是追不上的。所以你只能不断接受现实和改变自己的视野，以适应这个新世界的样子。”

MY LAST CLASS AT HARVARD

第9章

你的事业催化剂（上）

"只要我还能帮助别人，我就有义务出手相助。只要我还要开始新的征程，接受新挑战，我就一定要从前人身上学到点什么。"

"你知道什么是催化剂吗？"在霍华德出院回到工作岗位后的一天，他问我。那天早上，我们一直专注于讨论他为这本书想到的一些新点子。聊着聊着，他突然提出了这个与我们话题无关的问题。

我没有马上回答，而是拼命回想以前我在科学课上学过的定义（一切似乎好像是昨天发生的事一样，我永远忘不了我在大学里拿过的最低分就是一门叫"物理之诗"的科学课）。"嗯……提高化学反应效率的物质。"我回答道。

"严格来讲，催化剂可以减弱或加强化学反应，因为其本身不会发生变化，但会对其他物质产生影响。催化剂的作用是很重要的，从食物的消化到复杂的化学工业生产过程都会用到这个概念。"他继续说，"我们希望这本书也能发挥和催化剂同样的作用——促使读者去思考，去提问，在自己的工作生活中做出改变。但是，有一个不容忽视的问题。"他停下来，而我也没有去接他的话，因为我不知道我们现在聊的是科学还是事业。

"这本书的最大问题就是，我们本想让它成为人生的催化剂，可它却仅仅是……一本书。"他说。

我当时看起来一定像个白痴，因为霍华德大笑起来，反问道：“你不知道我在说什么吧？”我点点头，听他娓娓道来：“这种类型的书都是希望能促使人们找到新的办法解决工作生活中的问题，最终让自己获得职业幸福感，对吗？”

“我就是这么想的。”我回答道，“为人们提供思想和行动上的有效建议，我希望读者们能把这本书当成一位聪明周到的朋友，可以坐下来说‘让我们一起来解决问题吧’，并且能帮助解决问题，就像催化剂一样。”

“听起来很不错。”霍华德说，轻轻拍了一下桌子，“但随着进程发展，我们却只能发现这本书无论如何也不能成为一个人，而只能是一个没有生命的物体。我们可以给人们提供大致框架，让大家知道该如何提出问题、解决问题、应对问题。可这还是一种单方面的信息：读者们依旧没有办法直接地与我们面对面沟通，并且我们也无法帮助他们解决他们自己的具体问题，因为我们不了解他们。”

“因此，我们必须更脚踏实地同现实生活中的人们进行真正的实质性的讨论，这样才能更具体地了解别人面临的问题，从而进行针对性的指导。”

我马上就领会了他的意图，面对面讨论的催化剂在我的生活中发挥了很大的作用：帮助我活得充实漂亮，毫无悔恨。“问题是这些催化剂——这些可以帮到我们的人不会从天上直接掉到我们面前。”我说，“再说，没有经历过转折点你可能也不会发现你有多需要他们。你必须为自己成立一个团队，这个团队里的人就是为你的成功进行投资的人。”

“这就是我们希望传达的意思。”他说，“现在就让我们开始吧。”

* * *

除了拥有哈佛的博士学位，霍华德还是一个对文化艺术相当有兴趣的人。他热衷于收集世界各地的艺术品，而且对古典乐有着非同一般的热爱。他酷爱阅读，尤其是历史、政治、科学方面的书籍。他最爱的书是理查德·道金斯的《自私的基因》，这本书讲述了一个关于遗传学因素引起的合作与协作的探索过程。我的兴趣爱好则比较普通：我喜欢读商业类的书籍，喜欢百老汇的戏剧，我的孩子可以证明在我家播放最多的音乐就是拉菲的精选集。因此，霍华德会定期对我进行一番文化知识普及。

举个例子，我知道Mentor，即“导师”，在这里我们可以理解为“领路人”。在英语中，这个词既可以是名词作“导师或领路人”义（比如“她是我一生事业的领路人”），还可以是动词作“辅导”义（比如“部门让我辅导一名新来的分析员的工作”）。但我却不知道这个词的词源是什么。

“它起源于一个人。”霍华德耐心地给我讲解道，“在荷马史诗《奥德赛》篇中有一个人名叫Mentor（门特），他是经历了特洛伊战争艰难返乡的伟大国王奥德修斯的密友，同时也是其子的良师。我们现在所使用的这个词的意思是为缺乏实际经验的人们提供有效指引的充满智慧的指导和顾问。”

但是霍华德同时也认为现在这个词的实际意义在解决生活中的问题时已经被人误解和低估太多次了。“这真的是太不幸了。”他看起来像是找到了我们今天可以讨论的话题，“在遇到你无法理解的问题时，你不知道该如何着手解决问题时，不知道该如何发挥自己的能力时，不知道下一步该往哪里走时，向一个领路人寻求帮助是再好不过的事了。”

“为什么说领路人这个词被误解和低估了？”我问道。

“原因很多。”他说，“首先很多人不愿意接受建议。拿年轻人来说，都是不撞南墙不回头。对于处于激烈竞争中的人们，他们把自尊看得过重：他们觉得寻求建议是软弱的表现。我以前也说过，真正的聪明人从不会觉得自己比别人聪明多少，还有些人单纯觉得别人是不会理解他所经历的这些苦难的。所有这些人都有一个共同点，就是他们不知道别人深刻丰富的经验之谈，恰恰可以帮助他们弥补自身智力和情感的缺陷。”

“其次，我们这个快速发展的社会不重视获得知识的重要性，忽视了建立在个人经验上的一对一私人辅导。在这个靠敲击键盘产生信息的世界里，我们忘记了信息和真正的知识是有本质的不同的。”

“还有，很多人不重视领路人，是因为在很多工作中担任这一角色的人都不是那么负责任。”他解释道，“几乎每个公司都会有一个‘岗位培训’项目，不管是让新员工适应环境，重点培养明星员工，还是为新晋的高管人员提供展示平台，我都很欣赏这种做法。但这种做法的实施方法也有有效和无效的区别，而我所见过的大多数都是属于无效的。”

“本意是好的，但执行起来效果并不如计划的那样。”我说。

“说得好。”他说，“普遍的方式是让领路人带领学员讨论一些在工作中表面的共性。如果范围小还好办：如经验丰富的工业化学家可以辅导年轻的博士适应工作环境，资深体育记者可以教给年轻的大学生如何对球员进行专业的采访。但是这种狭隘的范围限制了领路人的能力，本来领路人的作用意义可以更大。”

“想要真正发挥领路人的作用，就不能像公式一样随意安排委任领路人。”霍华德强调，“这个人必须有丰富的经验和过硬的知识背景。很多公司都没有认识到培训项目其实可以创造更多成功。由他们安排的一组人可能在表面上跟员工培训内容有些共通之处，但他们其实在目标、价值和特长这些职业基础概念上有很大的不同。”他无奈地摇摇头，“在这种情况下，双方都会觉得这种培训项目根本就是毫无意义的。”

要做好领路人的工作，霍华德建议：“首先，领路人与学生之间一定要互相契合，因为这是两个人建立关系的基础。”

改善企业员工的培训项目原本不是霍华德想和我讨论的话题（即便我认为他会非常乐于和人力资源部门的高管们谈谈这个话题）。他相信领路人应该在人们的工作生活中发挥无尽的效果，成为推动发展的催化剂，但前提是人们要先能接受领路人的建议。因此我问了一个他正在经历的现实问题：“如果我们从那种正式的领路人项目得不到帮助，我们应该怎样建立有意义的私人领路人关系网呢？”

“首先我们要先搞清楚一个普遍的误解：领路人和榜样是完全不同的两种概念，很多人如果搞混了这个概念，结果必然会让自己失望。”霍华德指出，“榜样也许可以成为领路人，但两者却有本质上的不同，他们所产生的效果和与你互动的方式都是不同的。榜样是你愿意去效仿的图像而已，你无法与其建立关系。而领路人是与你息息相关的，可以帮助你深入探索周围事物产生的原因和影响，帮你更好地做出适宜的行动或选择。”

“换句话说，”我说，“领路人是来为你的人生事业进行投资的。”

“这种说法很好地描述了领路人与榜样的区别。”霍华德说，“还有一点我们需要注意，在寻找领路人的过程中有两种类型可供选择。一种是事业领路人，不管是在现在的公司，还是在将来寻找新雇主的时候，帮你指点事业上的具体战略。另外一种是精神遗产领路人，他会直截了当地把你所需要了解的事摆到明面上，带给你更广阔、更综合的视野，帮助你更好地规划事业。以我的经验，大多数人都喜欢把重点放在寻找事业型领路人上，但却不重视对我们事业的长远发展有益的指导和反馈。”

“当然，这两种类型也有重叠。一方面，把二者当作同一件事是不对的，另一方面期待有人能同时胜任这两个方面的领路人也是不可能的。因为没有人会把你看得那么透彻，不管从哪个角度。”他说。

“尽管，”我假装严肃地打断他，“我必须得说你作为我的领路人，在这两个方面都做到了。”

“尽管如此。”他说，“一定要在寻找领路人的时候认清你的需要，这个只有你自己最清楚，才能得到你需要的建议，也能更简单地找到你的领路人。”

“好吧，再跟我讲讲事业型领路人和精神遗产型领路人的区别吧。”我鼓励道。

他思考了片刻，谈了他对两种不同类型的领路人的定位。说起事业型领路人，他将其形容为短期战略性合作伙伴，因为他只能为你现在的工作情况和近几年的职业发展提供帮助。事业型领路人可以帮你理清两方面的信息：

一方面是你的个人背景和发展路线。你的目标和兴趣如何契合你现在工作的任务、战略、企业文化，又如何契合你长远的人生目标。事业型领路人可以帮你以走捷径的方式达成你短期或中期的职业目标，帮助你选择发展路线。一旦你选择了一条路线，你的领路人就会帮你发现和处理你在这条路上遇到的障碍，并为你提供扫清这些路障的战略。一般他们了解你雇主的工作方式，可以帮助你有效地避开办公室雷区，还可以帮助你认清哪些人是不必去效仿的。事业型领路人还可以帮助你评估你的工作成绩，评估你在这条路上前进时是否发挥了全部价值。“换句话说，”霍华德打趣道，“事业型领路人会不断给你施加压力，他会这样问：‘过去一年里你是获得了12个月的经验还是把1个月的经验重复了12次？’”

第二个方面是认清你的优点和缺点。事业型领路人会帮你发现你的技艺和能力是否和你从事的职业相契合，还会做为你忠诚的回音板，不断提醒你有多优秀。有了这些，你就可以着手将你的能力运用到工作之中，甚至还能拓展更多能力。“重要的是，”霍华德论述道，“一个好的事业型领路人会在你自欺欺人时提醒你，还会告诉你哪些是你在职业道路上所必需的技能。”

在我理解了这些想法之后，我们开始讨论精神遗产型领路人。“这些人不会过度关注你个人的优势和事业发展，而是会把重点放在你一生事业的宏观角度上。”霍华德说，“这种超前视角可以用‘完型’（指整体具有个体所没有的特性）来形容——你毕生的事业不仅仅是‘工作’‘事业’‘家庭’和‘其他一切’这些挂着标签的个体组合这么简单。”他解释说，精神遗产型领路人会将这一切当作一个整体来考虑。他们中的很多人会采取直观的方式，比如："我现在的工作可以让我实现我对精神遗产的追求吗？怎样才能让我最大限度地利用我的机会？除了兢兢业业恪尽职守，还有没有其他方法能帮我实现目标？"

"但是真正在行的精神遗产型领路人，"霍华德说，"也会问一些不太直观的问题，比如，那些你毫不费力就办到的事跟那些带给你极大成就感的事有什么本质的区别？或者换句话说，你投机取巧做成的事是不是偏离了你的人生目标？这些人们通常不会考虑的问题有时反而可以带给人意想不到的启发。"

在遇到转折点时精神遗产型领路人的作用就更重要了，霍华德说："没有比在遇到情况时，能有一个经验丰富的人在旁指点，提供现在和将来都可以用上的解决办法，并帮你制定出详细战略更幸运的了。"

* * *

霍华德和我都认可领路人的重要性。在一个下着绵绵细雨的秋日，我们坐在他的办公室里，我们又谈到了这个话题，还有他特别想梳理的3个细微差别。

"首先，我说在领路人和学员之间存在三点需要互相契合，但我想说的是实际上没必要这么严丝合缝。相反，过于相似反而会适得其反，因为你会把希望寄托在别人身上。因此，没必要强求你找的领路人符合你未来10年人生路的发展要求。"

"这样说来，领路人不必和你有相同的目标，不用和你如出一辙，不用和你属于同一种族、宗教或性格类型。相反，你应该寻找一个有着不同个性的领路人。"他扳着手指说，"提出正确问题的经验和见解，对你的答案和你寻找答案的过程表现出的真诚和兴趣，提出客观的建设性反馈意见的能力，除了这一切，他还要愿意投入时间了解你的价值观和人生目标，当他具备这4方面特质时，”他的手指相互缠绕在一起，“你就会发现你们自然而然地契合了，所谓的个人发展的催化剂也就会发生作用。”

霍华德的第二个细节问题谈论的不是领路人，而是学员。“一定不能被动，好的领路人不会主动来找你。你一定要仔细考虑好你在寻找什么样的人，你要从这个人那里收获些什么，然后才能投入时间和精力来培养这些关系。”

“根据我个人的经验，”我说，“我要补充一点：千万别害怕向比你有能力的人提出请求。很多人会想，这些大人物怎么可能会对我感兴趣？但是只有接触这些人，你才能学到更丰富的知识、经验，才能获得更开阔的视野。我发现，即便没有得到回应，也没有人会因此受到伤害。我不建议一个初入职场者连跨七级把高级副总裁当作自己的领路人，只要在公司里找一个比你高两级的人，就已经很适当了。”

“这就要说到第三个方面了。”霍华德回应道，“人们成为领路人总是有着各种各样的原因，而我成为领路人的最重要一个原因是我有责任给那些有前途的人一些帮助。捐钱给慈善事业是一码事，虽然这是很重要的，但我认为付出一些时间和关心给那些前来找你咨询的人也是一个人可以做的重要贡献。”

“但是，领路人不是一个单向的角色。当学员获得了收获后，他们也需要在个人价值方面做出回报——领路人为你提供的诚意、兴趣和关心是需要你回报的。如果一个人有一位好的领路人，那他自然而然会懂得这些。”

“有意思，”我说，“你在成为一个领路人之后在个人价值方面有过什么回报？”

他想了想，笑着说：“我收获了重要的智慧，我收获了新思路，还有被你称作思想的‘试验田’的数据。但最基本的是，我得到的回报是在波澜不兴的生活里认识了新的人，能够与他们交流，发现工作中的乐趣。这让我感觉心态又变年轻了，能够接触到新世界里的新鲜事物，让我和儿孙们交流起来隔阂也更少！”

听到他这么说，我大笑起来，想起是一个学生教给霍华德如何操作苹果手机和平板电脑，而且有一天我发现霍华德还在Facebook上加我为好友，想必也是他的学生帮他注册了账户。

* * *

霍华德是我遇到的最超凡的领路人，但我同时也没有拒绝其他一些人给我提供引导和帮助。我相信你拥有多少个领路人的唯一限制就是你能在每段关系中投入多少时间和精力。

柯克·珀斯曼特，我在艾克塞斯的合作伙伴，对我来说就是一个无与伦比的事业型领路人。有趣的是，自打我认识他以来，他这种领路人身份已经延续了快20年。当年我还是一个读大二的学生，在他手下做实习生，之后在我初涉职场时他又雇了我，在亚美利加合资公司做一些杂活。在我们离开原先的公司后，我寻求了新的发展，我们也一直保持着这种师生关系。在成立了我们自己的公司后，事情又有了新的变化，这似乎在我们第一次见面时就开始讨论了。现在，虽然我们都是同事，是亲密的伙伴，但他对我来说依旧是一个领路人，因为我还是在不断地向他学习。有趣的是，他也从我这里学到些东西。

我与柯克的关系表明，不管你处于事业生活的哪个阶段，你的身边都需要一个领路人陪伴。霍华德对我而言也有着同样的意义。当我刚刚走出校门，他在事业上对我的引导显得尤为重要和必不可少，尤其是在我做哈佛的筹款人那段时间。随着时间流逝，我的事业也有了新的航向，霍华德作为事业型领路人的角色开始转变。在我现在的职业领域中，接触的一些人比霍华德拥有更深刻的经验。

如果说现在霍华德作为我的事业型领路人的作用已经减弱，那么他作为精神遗产型领路人的作用就更为突出了。在保持商业运转，陪伴家人，结交新伙伴，成为社区活动的积极分子这些方面霍华德的掌控力是惊人的。这么说吧，我偷师霍华德很多。

我跟我的领路人们的关系不断发展和演变，代表了一种领路关系的循环。在我自身经验和价值得到了发展后，一些人也向我发来了寻求指引和建议的要求。在这些人之中，我发现了自己的价值，我为维持这种关系做出了决定，那就是也成为一名领路人。为什么我要投入时间？为什么我要在星期六的下午接听一个年轻总裁的电话，或是放弃和家人共度周末夜晚而前去给一个大学的学生们讲座？一方面来说，这让我感觉像是在回报曾经给过我同样帮助的人们，比如霍华德、柯克、奇普·康利、安德鲁·蒂施，还有很多很多人。另一方面我相信我付出的努力也会有所回报。实际上，我发现成为领路人最酷的一点就是这是一个连续的、无限循环的过程，而这种师生关系也可以让双方的能力相辅相成，相互受益。

我发现，我刚好是一系列领路人循环的有趣的交叉点，这些循环包括了我在康奈尔大学、哈佛大学和我之前的几份工作的经历。其中一个循环包括了至少四代领路人：在我初涉职场时是柯克引导了我的方向。不久后我认识了艾瑞克·布林克尔，他毕业后在我手下工作。艾瑞克是俄亥俄一个企业大亨和苏珊·G. 柯曼基金会主席、美国前外交大使南希·布林克尔（她也是一个很好的领路人）的儿子。几年后，当布林克尔服务于捷蓝航空公司，他为布雷特·穆尼指引了方向，后来在布林克尔的推荐下，我和柯克又引入了布雷特这个人才……就是这样。我丝毫不怀疑布雷特会将这个链条继续下去，这样看来，他、艾瑞克、柯克和我就会从我们曾经的付出中收获智力、情感和实际的利益。

我不会去计数这种循环将会延续多少代，也不会去估算会有多少人从中受益。霍华德的指引就如同催化剂一般，我相信，他也不会去算这个数的。因为他相信圣经里所说的“将面包扔到水面上，它们终究飘回到你的手里”。当你成为催化过程中的一分子，还去计较数字问题真是没有什么必要。

霍华德不会去算这笔账的另一个原因是他还没有完成这个事业，无论是作为领路人还是作为学生。“只要我还能帮助别人，我就有义务出手相助。”在他退休之后他这样对我说，“只要我还要开始新的征程，接受新挑战，我就一定要从前人身上学到点什么。”

嘉宾故事：雷切尔·雅各布森

当聊起美国职业篮球联盟，一般人们都不会想到一位头脑精明、身高五英尺（约1.524米）、来自康奈尔大学的女毕业生。她还总是提着一个贴满了她的双胞胎宝贝照片的手提包。不过，我的这位校友雷切尔·雅各布森可是NBA重量级的要人之一。不过，她不上场比赛，而是运作比赛。

雷切尔是NBA(即美国男子职业篮球联盟）全球营销合作部的高级副总裁，她主要负责运营NBA和WNBA(美国女子职业篮球联盟）的赞助商项目，她参与建立了一些非常重要的商业合作关系。这其中包括一些重量级合作伙伴，如索尼、德国移动电信T-Mobile、体育用品网络运营商FootLocker、赛诺菲-安万特，以及运动品牌安德玛和其他体育及娱乐圈拥有响当当名号企业的合作关系。对雷切尔来说最重要的是运作同一些公共组织的合作，比如美国红十字会、联合国儿童基金会，还有各个城市的非营利组织。所有这些组织都致力于保障儿童健康问题，比如提供治疗哮喘和糖尿病的措施，防治脑膜炎和流感等流行疾病。

但我请她来我的办公室，不是为了谈论她在世界上最专业的篮球联盟所做的这份酷极了的工作。（也不是为了看她那两个可爱极了的孩子，虽然我们的话题在这上面也持续了几分钟。）我希望多了解一些过去几年她正在积极运作的一个专业组织："美国职业女性联盟"，一个具有顶尖领导培训项目和辅导项目的组织。雷切尔曾是这个项目的第一批学员，现在正"推动这个组织前进"，以帮助更多年轻的职业女性获取事业上的成功。换句话说，简单来讲，她帮助更多的女性掌握商业游戏的规则。

"美国职业女性联盟是由2008年财富榜评选的最具影响力的女性总裁们建立的。"雷切尔告诉我，"有施乐公司的CEO厄休拉·伯恩斯，前美国运通和GE资金市场总裁琼·安博，富加律师事务所合伙人琳达·L.艾迪生，还有我的领路人卡罗尔·霍克曼，她也是丹斯金的前CEO。她们帮助女性发挥自己的最大潜力，在职场初期规划职业路线，通过引导培养学员的领导能力，帮助她们与职场中的同事建立长期合作关系。她们的目标是让越来越多的女性成为董事会成员、高级总裁和新兴企业的企业家，不管她们选择什么样的职业都可以成为领导者。"

这个组织会选拔出25个"明日之星"参加为期3年的培训项目，雷切尔解释道。通过课堂、会议、研讨会的形式，她们接受科学并且完善的课程，学习专业领域的相关知识和实用技巧，以应对工作中会遇到的一切挑战。"真正起到催化作用的还是一对一的领路人关系。"雷切尔强调，"每个人都会有一位特派的领路人，这个领路人具备相当过硬的专业背景，会全心全意地为她的学生进行指导。我们每6到8周时间见一次领路人。在交谈过程中，感觉真是如鱼得水，因为这些女性所获得的成就都是我们在追求的。她们应对挑战的办法，虽然有的有用，有的用途不大，但她们能够坚持下来并克服困难。对于我们这些第一次应对挑战的职场新人来说，她们无疑是非常值得崇拜的榜样。"

项目中的每个学员会按照个人感兴趣的专业被分为8至9人的小组，一般会分为市场营销、公共关系、科学技术3个小组。“最让我们兴奋的是通过这个项目，我们的关系变得很密切。”雷切尔补充道，“不仅仅限于互为联盟的学员，而是发展成密切的互相支持的关系网。”

为什么这种项目对于年轻有为的女性来说如此重要？我问雷切尔：“女性在工作中常遇到的性别歧视不是已经不存在了吗？”

“艾瑞克，我希望是这样的，现今社会这种现象的确越来越少了。但在很多公司还存在这种歧视。除了这个，还有一点就是我们的社会无法接受女强人这个概念。”

“鉴于这个原因，我们专门设了一门课教授如何‘刚柔并济’。我们会对一些非常实际的问题进行讨论，例如：你如何处理工作中的挫折？怎样有效地驱动战略的推进？还有一些平时不会摆在明面上谈的个人挑战，你如何处理和另外一位高管之间的冲突？在团队合作中你怎么处理自己的不同意见？”

“另外还有非常残酷的个人问题：如何处理事业和个人生活的冲突？如何处理婚姻中的难题——比如，夫妻二人都是事业精英或妻子比丈夫能力更强的情况下，如何处理你们之间的冲突？”

“经过这些年的观察，我发现这些问题对很多女性来说都非常重要。”她说。

我和雷切尔已经认识很久了，因此我知道我可以问她一些比较敏感的问题。“这个项目每3年都要筛选一批女性，”我问，“可有更多的人没法入选25人名单怎么办？”

“这问题不大，美国职业女性联盟的目的也并非帮助每个人处理她们工作中遇到的问题。”她说，“这也不是创办者的初衷。但我相信这个组织可以给很多身处商场和职场的女性答疑解惑。这个组织可以成为全国的模范，甚至是世界的。”

“我们每一个从这个项目中获益的人都可以去做别人的催化剂，这是我们从学生转为领路人的一种责任：帮助更多的具有天赋和梦想的女性追求她们心目中的理想目标。”

（对了，如果你想了解更多关于美国职业女性联盟的成员和运作方式，可以前往www.womeninamerica.net进行查看。）

MY LAST CLASS AT HARVARD

第10章

你的事业催化剂（下）

当你身陷困境时，需要的不是一群人七嘴八舌地争论你怎么才能摆脱现状，而是需要一个人跳下来对你说："我经历过这种情况，让我们一起努力走出困境吧。"

如果你在网上查“催化剂”这个词，首先你会看到它的科学定义，然后会看到“加速事物发展或变化的人或物”和“其他人受到一个人的言行、态度或活力的影响而变得友好、积极、充满能量。”

这些注释让我认识到和霍华德每次散步式谈话时的那种感受。平时在哈佛商学院溜达一圈我可能只用10分钟，但如果在一个艳阳天和霍华德一起走相同的路就得花上1个小时。不是因为他走得慢，他的体力像网球选手一样充沛，而且他像每个企业家一样都把时间看得比什么都重。花那么久时间的原因是我们没走几步就会遇到几个想和霍华德攀谈的人。有时是学生的问候：“您好，斯蒂文森教授，您好吗？”有时是一段两分钟的对话，一般开头是这样的：“霍华德，您看今天早上的新闻了吗？”最多的是有人说：“霍华德，我真的很担心……”他们会把他拉到一边把他当成自己的专案咨询师。另外，霍华德也会主动拽住某位同事，说：“我和校长说了你的想法，他很欣赏，所以下一步我们应该……”

霍华德就是真人版的催化剂。哪怕只是在街上走过，他也能用自己的人格魅力、能量、思想和声望使周围事物发生变化。因此，当他说结交新朋友或同别人打交道对他来说是个挑战时，我感到很惊讶。我仍然记得有一次我们驱车从一个会议返程，在那个会议上他与那些从未谋过面的捐助者相谈甚欢。

“我当然清楚在我这一生工作中与形形色色的人打交道有多重要。”他解释说，“所以我很努力地保持一种开放的态度，但在内心里我是一个内向的人，建立情感关系不是我天生的本能。”

等红灯的时候，他转过来对我说：“而你，却天生拥有这种能力。你非常善于将有互利关系的人们聚集到一起。从这点来说，你比我强。”

我陷入了沉思，大概这是我唯一比他强的地方吧。（或许还有打网球的时候，不过那只是因为我有副比他年轻30年的身体罢了。）他说得没错，我靠着和人打交道、建立合作伙伴关系为生，而这对我来说的确没什么难度，我这个人天生就很外向。“也许吧。”我说，“但我觉得，作为一个自认为不善于与人打交道的内向家伙，你却具有吸引人注意的魅力。大家都像小行星一样围绕着你运转。这十分难得。”

“你是对的，一个人性格内向，但这不影响他去和周围人建立联系——尤其是关系到事业发展的联系。我们只是需要投入更多精力，以一种更集中的方式达成目标。但是相信我，我的目标绝不是以自己为中心。对我来说，真正的价值并不在于交朋友的数量多少，而在于能拥有几个给我有价值的建议的真正的朋友。”

他停下来想了想，寻找合适的比喻阐述他的观点。“当你身陷困境时，需要的不是一群人七嘴八舌地争论你怎么才能摆脱现状，而是需要一个人跳下来对你说：‘我经历过这种情况，让我们一起努力走出困境吧。’”

“换句话说，”我顺着他的思路说，“关键不是你身边有多少人围着，而是你身边有多少对的人。纵观你过去遇到的困难和挫折，这些人是不是具备经验和专业知识来帮你认清方向？”

“是的，但是选择你身边对的人不仅可以在你身陷困境时为你排忧解难，在日常生活中这也是非常必要的。”他说，“我们总是当局者迷，我们自身是存在盲区的。当我们着重于一点时往往不能总揽全局。我们其实都没有自己想象的那么全面，因为我们心理上的防线让我们无法灵活变通地对待问题。”他为自己的这个想法笑了起来，“当你身处其中，就很难纵观全局。这就是为什么在任何情况下，我们都需要通过别人看到更透彻的本质。”

当我们停在他家的车道上时，他说：“进来吧，我请你喝点东西，我还没聊够。”我们在厨房的桌边坐下，我喝着冰茶，他喝着健怡可乐。

“之前我们谈了很多关于领路人的话题。”霍华德开始了，“但我认为人们在生活中还应该拥有真人催化剂，我认为光有领路人是不够的。你需要一个多层面人际关系网络，这些人通过多种多样的有效的方式与你联系在一起。他们合力或单独给予你支持，帮你了解、追求、达成你事业的目标。”

“好极了。”我从包里拿出一沓纸，“让我们好好聊聊。”

“不急。”他说，给我一个尤达大师一样的微笑，把我那沓纸拿到他那边，“这是你擅长的领域，没准儿你在这方面比我更灵光。”他放下饮料，拿出一支笔，说：“该你了，说说吧。”

* * *

几年前，我去曼哈顿参加了一个酒店业的颁奖典礼。尽管我对酒店业和旅游业的投资很感兴趣，但是我已经很长时间没去参加过这种活动了。正好有空闲时间，我就去了这个典礼。

走进华道夫酒店金碧辉煌的宴会厅，我看到琳琅满目的自助餐台，藏酒五花八门的吧台，还有来自世界各地的在商界和社交圈叱咤风云的人们。10年或15年前，我大概会这样做：让蠢蠢欲动的肾上腺素带动我去建立属于自己的事业圈子。我可能也会像屋里这些主动出击的人一样——名片在手，主动寻找新鲜面孔。但今晚是不同的：我寻找的都是一些年长熟悉的面孔。待了半小时后，我就开始感觉不自在。我自己也不知道为什么。

当亚历山德拉出现时，我恍然大悟。她在康奈尔大学比我低一届，她热情洋溢地出现在我面前。“看看这是谁呀。”我们握手寒暄，但只聊了30秒钟的时间，她的注意力就已经不在我这里了，而是转向了我身后的人群——她在寻找下一个可以认识的人，以便扩大她的人脉网络。当我被无情地忽视时，我明白了我在过去这些年所感到的不适是因为什么。这并不是我所追求的那种人脉联系网。这些机械、表面化的“网络式”的互动不是我希望去和人们发展的，无论是私人的还是公务的。没一会儿，亚历山德拉就捕捉到了她的一个老同学，虚情假意地约定着午餐计划。

这时，我惊喜地看到了我的朋友克里斯蒂安·亨普尔。他正被一群人围绕着，脸上显露出无奈的神情。我走到他旁边，冲他示意：“我们离开这儿吧！”他领会了我的意思点点头，几分钟后，我们迅速撤离了华道夫酒店，转而寻找一家附近的酒吧。我已经好几个月没见过克里斯蒂安了，这次能遇到他真是太好了。这个典礼对我们来说简直就是一种折磨。

“随着年龄越来越大，我越发意识到与那些处在我工作和生活圈核心的人保持联系有多重要，我与这些人互相关心，互相帮助。”克里斯蒂安说，“我记得我刚上班时，老板对我说：‘我需不需要发展那么多关系，认识那么多的人，这个度由我自己来掌握。’当时我并没理解他的意思。多认识些人有什么不好？现在我懂了，仅仅建立表面上的‘联系’，我们所投入的和我们所得到的回报价值远远不成正比……只为那些我们在意的关系投入精力就好了。可现在的这些交际活动完全就不在意这些。”

* * *

想知道我为什么突然会想起这件事，我建议你先去查查字典。“网络”指的是为一个群体的人们提供信息和服务的机制。“关系”指的是人与人之间所建立的情感或交叉的联系。这两者的区别是非常明显的。因此泛泛的“网络社交”和密切的“关系建立”两者也具有非常明显的区别。人们总是会把两者的意思弄混淆，我觉得人们搞混的不仅仅是语意，而是更深层次的问题。当霍华德建议聊聊催化剂这个话题时，他知道我的重点在哪里。

当普通人被问到“社交网络”这个问题时，他们会告诉你通讯录中有多少个联系人，“LinkedIn”主页上有多少交流，Facebook上有多少“好友”。这些都可以算数，因为这些数字化的联络方式也是让你和他人交流的一种方式。一般这些方式的互动并不频繁，交流者之间也不是知根知底。（比如，我参加的那个典礼，很多人也许在此之后就不再联络了。）当你需要他们帮助的时候，对方有可能压根不会理会你。为什么？原因是，无论你是否介意，这些人实际上并不真正关心你。（正如霍华德曾经告诫我的，“不要把点头之交跟朋友混淆在一起，也不要把关系网和知己混淆在一起”。）

别误会，商务方面的社交是非常重要的。研究表明，不同行业中的成功人士社交圈子越广，他们的行动就越高效，特别是他们有一群背景、能力、视野都丰富多样的朋友的时候。一个随时能拿起电话找到对的人解决问题、处理难题的人才是非常宝贵的。

但你在事业上的催化剂型人物应该与你是完全不同的——一个不能通过泛泛的网络社交呈现深度和价值的人。这样看来，我们就要开展一个反Facebook运动：停止这种毫无意义的人与人之间的联系吧，建立一个由你自身向四周延展的蜘蛛网型社交关系。每一条线的末端都应该有一个全心全意站在你的角度为你权衡利弊的人。在他们眼里，你是一个拥有光明前程的人，而他们希望能帮你开阔视野。这些人在大大小小的事情上都能给你提供帮助，从大的转折点到小的平衡选择，从事业或家庭上的琐事，到财政和哲学的道理。

“这些人是当别人离你而去时，选择主动走到你身边的人。”霍华德会这样说，“那些会告诉你真相，帮助你做出选择的人。”

你应当慎重地组建你个人的催化剂团队，采取建设性的方法来维护这个团队。为什么？首先必须保证这些人在你需要他们的时候能立即出手援助。其次，你不能依靠那些主动送上门来的人，他们也许是出于好意，但却缺乏你需要的个性、经验或其他方面的能力。你应该积极主动起来——用有前瞻性的独到眼光挑选你真正需要的人！

我经历过这个阶段。这些人应该扮演什么角色，我心里非常清楚，我还给他们起了一个特别的名字：他们就是我的私人董事会成员——我的私人顾问团队。（Individual Board of Directors，简称IBOD。即那些站在你的角度为你权衡利弊的人，就像运作一个公司经营项目的董事会那样。）

10年还是12年前，在我的生意遇到瓶颈的时候，我有了这个想法。在我面对挫折一蹶不振的时候，是这些人让我看清了自己所缺乏的能力与品质。

我意识到——如果我要完成为自己设定的最重要的个人和事业的目标，实现我的精神遗产目标，我就需要这些拥有我所缺少的智慧的人们的支持，还有那些借助他们的视野可以让我清楚地发现自己的盲点的人。慢慢地，我越来越发现他们存在的重要性，简直就和真正的商业董事会一样重要。

在成立董事会的时候，公司会把注意力放在那些能力突出，发展全面，在经验、学识以及公司要求具备的方面具有突出表现的经理人身上，以保证公司的长远持续发展。虽然他们的个人能力各有千秋，曾遇到的转折点也不同，但这些人不是为了公司的单一方面而存在的。他们对公司的整体表现、方向、战略方针进行评估和指引。最重要的是，他们要足够公正和坦率。

同样，在我事业的方方面面，我的私人团队也给予过我很大的帮助。他们帮我渡过不少难关，还给我指点迷津：在我以为我再也不会回到学校时，他们鼓励我辞职拿到了研究生学位；他们迅速将我的盛放连锁经营店转让以减少我的亏损；他们投入自己的时间精力同我一起创办艾克塞斯；最后在经济危机时建议我放弃哈佛的金饭碗，转而投身到公司的经营之中。在我追求人生和事业的目标过程中，如何同时做一个好丈夫和好父亲，也少不了这些催化剂的帮助。

在体育比赛的选秀日，你常常能听到这种问题："我们要找的是全能的运动员还是能填补空缺的运动员？"在建立私人顾问团队时，你需要的是后者。不要全世界的目光都集中在最聪明成功的人身上，也不要把目光放在为数不多的朋友和亲人身上——首先确定你需要具备什么样能力的人，然后再随着时间推移，挑出你想要的。

这就是为什么你的私人顾问团队只会属于你一个人，他们所发挥的能力都是建立在你的需求、困难、弱点之上的，因为你的私人顾问团队具备你所缺乏的一切知识、视角、经验和能力！但你的私人顾问团队与他人的也是有共性的：那就是你们需要相互信任，需要投入时间和精力，他们必须全心全意地关心你、你的事业和你的个人问题。

以下就是我的各位私人顾问团队成员以及他们立下的汗马功劳：

一个是我的专项问题解决专家——在我需要的时候，他可以准时出现，而且拥有我不具备的专业知识。大家还记得我说过的我自打幼儿园就认识的好友维克拉姆吧。他从麻省理工学院获得了博士学位，现在在金融管理业界是颇负盛名的大鳄。在个人理财和投资上，我是个很好的咨询对象，特别是对于一个关系不错的朋友来说，而维克拉姆基本就是属于另一个联盟的人。

实际上，他就像是一个双方面击球手：在统览宏观经济方面他有非常卓越的能力，他成功预言了全球金融市场的动态；在他在耶鲁大学授课讲义基础上整理的新书《经济兴衰学》中，他还将专业角度的经济建议转换为具体的个人理财建议。因此，在我的公司遇到财政问题，需要专业的建议时，我就会向维克拉姆求助，在我的个人财政问题上他也是一个可以求助的好帮手。只要知道他在，而且他比我懂的多得多，我就放心得多。

一个我的同道中人——他了解我的工作轨迹，具备帮我分析各种问题的能力。奇普·康利是美好生活酒店企业的创始人，也是我事业上的前辈。和我一样，他也是从传统公司跳槽离开，开创了自己的公关服务企业。他的成功史已持续了25年，在旧金山他代表着一个行业文化的先驱、社会名流和慈善家。他在事业之路上也经历过挫折与失败。他曾经经历过的高潮和低谷，使得他对我的承受能力和利益关系了如指掌——我走出校门后第一份工作就是在他手下任职——他对我所遇到的挑战和障碍具有独特和宝贵的见解。

一个我强大精神世界的缔结者——他了解我的哲学观，并且还能帮助我解决精神层面的问题。最适合这个位子的人是哈佛的前任校长、鼎鼎大名的学者、84岁高龄的亨利·罗索夫斯基。我喜欢称他为“老鹰”。他对我的帮助主要体现在生活方面。无论是外形还是思想，老鹰都让我想起我的祖父，而且他本身信仰的东欧犹太教也让我在那片早已被我遗忘了许久的宗教净土找到了共鸣。他学识渊博，智慧超群，我与他度过的每一分钟都备感充实。我很高兴现在当他问到一些关于商业方面的问题时，我可以毫不犹豫地给出答案。

一个属于我的个人历史专家——他必须非常了解我的为人，才能精准地指点我的发展。除了维克拉姆和奇普，与我生活息息相关的一个人就是菲尔·鲍了，他是我在康奈尔的同学。菲尔的特点就是他对我简直是知根知底，在我们大一一起创建学生社团时，我就把他当成我的“顾问”。我们在社团的“工作”中一拍即合，我们的友谊一直持续到现在。20年来，他一直见证着我在事业和个人方面的成长，无论境遇好坏。因此，他并不需要花时间对我的背景情况进行详细了解，就能够提出实质性的帮助。最重要的是，他拥有一种不可思议的能力，他可以预测我接下来的行动，还会指出当事情不如我所愿时我应该怎么做。当我决心前进的时候，他在后方的精准指示是非常重要的。

一个我私人的柔度训练专家——他深知平衡的艺术。虽然克里斯蒂安·亨普尔成为我的私人团队成员的原因有很多，但我最看重的一点是：他是我所知道的最善于平衡利弊的人，在生活忙碌不堪时他依旧可以平和面对。他能够保持这样的平衡也是拜他的个性所赐，还有他坚定的宗教信仰——每天早上他都要读一章圣经。在权衡利弊的时候他表现出一种乐观积极的态度，一方面，他知道他每天都要拒绝对一些人的帮助，但另一方面他会在心里问自己“上帝遇到这种情况会怎么办”。我家里经历那段医院惊魂时，他每天都要打电话来询问，那段时间克里斯蒂安的平衡能力和精神能量给予了我很大的慰藉。

这5个人里并没有霍华德，因为他是那种同时可以胜任几个位置的人，也是我私人顾问团队中的核心成员。我不会随便“开除”他们。另外还有一些人有位置可坐，但他们的任期只是短期的。为什么是短期？随着我需求的改变，我会把一些人从我的团队撤除；由于时间或精力不足，有些人也会自动选择离开。这倒有点像有些公司的任期制，不过，我这里的任期都是由我制定的。

不像一般的董事会制度，我的私人顾问团队可不存在什么“投票”制。所有的选择和责任都是由我一个人来做主和承担。我的私人顾问团队成员们从来没有机会坐在一起，他们之间有的人也互不认识——所有的交流沟通都是通过与我的一对一对话进行。（记得蜘蛛网的比喻吗？我就是那个中心点。)这种分散的形式就注定我必须以一种规范固定的方式与他们沟通。所以，我会列出一张我的私人顾问团队成员名单，每隔几周就同他们联系一次，不管是否有要事在身——因为除了培养这种关系，我也依旧珍视我们之间宝贵的友谊。

通常，董事会成员一般是投资人，会定期收到薪酬。我的私人顾问团队同样会对我进行投资——投入他们的时间、精力、思想、关心，他们会在精神和情感上获得回报，而不是带着铜臭味儿的回报。通过提供帮助，看到我获得成功，他们也会感到非常欣慰。(霍华德称之为人性上的互惠互利。)

还有一点可以肯定的是：他们知道我会一直和他们在一起，在他们需要帮助时，我会挺身而出，这不需要他们担心。用霍华德的比喻来说就是，他们知道我会跳到他们身边，带着通往出口的地图或是两把可以挖出一条出路的铁铲。

现在我想问问：在你的网络交友平台里的朋友有几个是会跳下来陪你的人？

嘉宾故事：卡尔·班克斯

1988年时有一部电影叫《龙兄鼠弟》，故事讲的是由阿诺德·施瓦辛格扮演的高大强壮的哥哥和由丹尼·德·维托扮演的矮小肥胖的双胞胎弟弟在出生时被迫分开，直到成年后才知道对方的存在，经历了一系列疯狂冒险后，两人从此过上幸福生活的故事。这是一部集娱乐、搞笑还有一些愚蠢的电影。我几乎忘了这部电影的存在——自从我和高中女友一起观看这部电影的那晚之后。

但是在最近和纽约巨人队的全能后卫卡尔·班克斯聊过天之后，我又想起了这部电影。原因是，在聊过了我们的事业、工作心得和目标后，我觉得我们两个——一个是又高又壮的美国非洲裔运动员，一个是又矮又瘦的犹太人，也许真的拥有某种相同的基因。

像我一样，卡尔也是一个货真价实的企业家。

他符合了霍华德对企业家的定义：眼前的资源和利益无法阻挡他对更广阔天地的追求。在20世纪90年代中期离开职业橄榄球联赛后，他发起了一系列新鲜有趣的商业活动——最值得一提的是他为女子运动系列所创办的以他的名字卡尔·班克斯命名的GIII运动品牌。

虽然我早就知道卡尔退役后一定会去经商，但当他告诉我下面这段话时我还是吃了一惊："实际上，在我进入职业联盟的第二年我就开始着手为我的商业计划打基础了。我对服装业非常感兴趣，我认识了一些人，我们一起聊设计和营销，我尽可能多地从他们那里学习东西，然后确定了未来我的合作对象。"

他这么一说，让我又看到了一个我们的共同点：卡尔的事业与那些和他有着相同兴趣爱好、价值观、综合能力和资源的人有着千丝万缕的关系。他在商业上获得的成功很多都是建立在他良好的人际关系网上的。"我的关系网很广泛，但我仍然愿意多认识新朋友。"在对话中他跟我说，"我生意上的成功与我那些交情很深的朋友有很大的关系，这些人跟我有同样的目标，有同样的奋斗方式。在我看来，跟只有点头之交的人做生意，与跟你私交甚好的人做生意是大有不同的。"

"商业伙伴关系的友谊对我来说尤其重要，因为我相信在一段关系中伙伴一定要值得信赖。如果和一个你不能信任的人捆绑在一起做生意，风险就太大了。你必须了解对方的能力、价值和目标。"

"你一般是靠直觉判断，还是靠你在橄榄球比赛中的经验判断？"我问他。

"可能两者都有吧。我在和人打交道时都是靠感觉去选择我学习与合作的对象，我也会从各个角度认真了解我认识的这些朋友。"

“但是通过橄榄球，我了解到在一个团队中队员拥有互补的能力有多么重要——一个人的强项必能弥补另一个人的短处。我学到了如何将个人拥有的能力打造成团队拥有的能力。我学到了，你必须知道当陷入困境时哪些人是你可以指望的——当然你也得是他们可以指望的人。

“因此，我用这些知识和经验选择共事的人或公司。我寻找可以平衡双方核心能力的独特方式。我决定在何地何时出手吸引那些可以填补我这里的空缺的人——可以填补我与我的团队力不能及的空缺。”

“知道吗？”我说，“我真应该把你介绍给霍华德·斯蒂文森认识一下。虽然他只打网球不玩橄榄球，但在其他方面，你们一定能聊得很开心。”

“乐意至极。”卡尔说，“我很愿意给他提供一些新想法，比如，告诉他把打橄榄球做为经商的基础准备是很有意思的。”

“也许商学院和研究生院应该给学生提供NFL（美国橄榄球职业联赛）的夏令营项目。”我开玩笑说。

“别笑啊，这个目标不远了。职业运动培养了我的综合能力，从赛场上到赛后发布会，我收获都不小：严谨的条理性和专注能力，灵活的应变能力，面对挑战时的快速反应能力，还有在事情悬而未决时的快速判断能力。”

“没有这些能力，你就不能在橄榄球或者新的商业领域获得成功。”他总结道。

我想着这家伙的回答是多么犀利，而我从他这里又收获了多少知识，最后我开玩笑说：“卡尔，你愿意加入我的团队吗？”

MY LAST CLASS AT HARVARD

第11章

企业文化的复杂性

对我们个人来说，了解我们工作环境的企业文化——那种让我们乐于接受的文化——可以更容易获得成功。"你能否适应这种文化，决定了你是仅有份糊口的工作还是有份愿为之奋斗终生的事业"。

马萨诸塞州的南海岸是避暑的好地方，受海洋性气候的影响那里气候温和。祖上是19世纪的捕鲸者和20世纪初的纺织工的当地居民和从波士顿、普罗维登斯、哈特福德来此避暑的人们构成了这里悠闲的夏日文化。除了身世背景不同，每个人在融入当地文化风俗上都毫无困难，无论他们是在造船厂工作还是在大学校园工作。

当霍华德和妻子弗雷迪意识到自己离退休已经不远了，决定买下一处海滨别墅时，这里成为了他们的首选。当然，霍华德就是霍华德，他绝不会买下一间舒适的精装修别墅直接搬进去。这样就太没有意思了，而且也会与他已经深思熟虑过的需求不符。他们看上了一所需要扩大面积并更换所有系统的房子，有着低矮的房顶、老鼠以及很多来此幽会的年轻人丢下的空啤酒罐。不过，霍华德把这一切看作是完美契合他想象的度假小屋。经过几个月的规划、施工和努力，他的理想成了现实。这所房子立马就成了霍华德最喜欢待的地方。

不到人，我劝自己，也许这个人能做成几宗大买卖，带来更好的效益。一开始，一切都很顺利。后来，他工作的一些细节的确有问题，但我们没放在心上。反正我也预料到了这些问题。但事实上，隐藏在表面之下的问题最终总会爆发的。我们的员工，无论是普通员工还是高管，都来找我和柯克，说的话全都一模一样：我们努力过了，但我们真的无法和这个人共事……霍华德，这些员工没有一个人是来混日子的，也没有一个人是神经质的自负狂。”

“他们遇到了什么问题？”霍华德问。

“高管们觉得阿特与客户沟通的方式有问题，因此不想跟他趟这浑水。他们说他把大话说在前，然后却不予实施。还有，他似乎是在故意找麻烦，然后让自己显得是解决问题的人。他们承认他的确拉来了生意，但也担心他会搞坏公司的名声，影响将来的长期合作。”

“普通员工呢？他们担心什么？”他问。

“他们不喜欢这个人对待他们的方式。他们说他随意将他们排除在项目外，还会毙掉他们的构思。他还叫年轻的员工清洗他与客户开会时用的咖啡杯。”

“洗杯子不在他们的工作范围内喽？”霍华德问。

“当然不是。”我回答说，在石板路上活动了一下筋骨，“在我们公司，人人都是平等的。如果你有创意，欢迎提出来，不管你是副总裁还是财务经理，我们都会欣然考虑你的意见。无论是谁请客户来喝咖啡，等人家走了，你都得自己收拾。如果你需要帮助，就开口求助，而不是命令。我们公司的副总裁们能坐上这个位置是因为他们有能力，但职位头衔并不等于他们高人一等，还可以随意指使IT部门的员工或前台。另外……”我停下来，意识到自己情绪有些激动，我在霍华德身边坐下，“我不知道该怎么办。”

霍华德同情地看着我，然后望着环绕在房子周围的高大松树和橡树，过了一会儿，他说：“你看起来对这种情况很生气，也很沮丧。”我点点头。“你在生谁的气？”

这是个好问题，我在回答前思考了一番。“生我们两个人的气。”我终于承认了，“生气他这么不会做人。还有我怎么会明知他不是最合适的人选还要雇他……我当时有点饥不择食，这影响了我的判断力。”

“没错，我认为你们两个都犯了错。”霍华德说，“你跟我说起他的背景时，我就想到，看来在他上一份工作中，无论表现是好是坏，他都能融入到企业文化中。他所犯的错误就是没有意识到你的企业文化是完全不同的，也没准儿他意识到了，却没有那个能力去接受。你的错误是为了省事就轻信了他的简历，而且也没有同他讲过你的企业文化与其他公司的不同之处。这种局面是由你们两个共同造成的，在我看来，你们必须承认错误，才能继续前进。”

“你的意思是，我只能让他走人，然后自己处理所有的后果？”我问，即便我们都知道这是唯一的解决办法。

就这样，霍华德帮我认识到阿特不仅不能接受我们的企业文化，而且还是对这种文化的一种威胁，所以他必须离开。

* * *

文化是什么？

两个或两个以上的人互动交流，就会产生文化。

就像是无风的一天里的空气，你被企业的文化包围，即便你感觉不到。像重力一样，文化是以无形展现的真实力量。

文化也是重要的。“文化是一种王牌战略。”霍华德常这么说。

文化可以定义一个公司，定义员工之间的互动，定义成功的层次。研究表明，企业文化是一个成功企业所具备的最具优势的战略与发明。（霍华德坚信他所创建的鲍勃斯特之所以成功就是因为其坚实的企业文化。）反过来说，就算是好创意，遇到坏文化也不会成功。“企业文化是像谷歌、星巴克、美国教育计划和柯曼基金会这样的企业成功的根本要素。”霍华德说，“另一方面，这也是美国的汽车制造业经受了残酷的打击的原因，他们以大为傲的企业文化使他们在与日本小型汽车制造业的竞争中遭受了严重威胁。也正是因为追求短期利益的文化对抗长期信托责任，才给了银行业为世界经济带来毁灭性衰退的机会。”

对我们个人来说，了解我们工作环境的企业文化——那种让我们乐于接受的文化——可以更容易获得成功。“你能否适应这种文化，决定了你是仅有份糊口的工作还是有份愿为之奋斗终生的事业”。

与企业文化气场不和就会导致严重的后果。现在已是成功猎头的杰夫•利奥波德就从他早期与微软的企业文化不合中得到了经验教训，他花了很多时间研究高管被开除的原因，这让他可以更精确判断他推荐的人选是否会被拒绝。他发现推荐失败的最主要原因就是候选人与公司企业文化不能很好地融合。

作为企业家文化的专家，霍华德深谙一个新公司的企业文化对公司成长壮大所起的决定性作用，所以他才会一针见血地指出阿特的问题。(“企业文化对一群人的约束效果很大。”他提醒我，“但错误的人会毁了好的文化。”)霍华德也有过一些刻骨铭心的个人经验：30年前他就因为不能接受老哈佛商学院的文化而出走，而商学院新文化的崛起又将他吸引回来。

我离开学校后的第一份正式工作——在美好生活酒店工作时，我就发现了文化的重要性。我很幸运，因为我的经历很顺利：美好生活连续很多年获得业内各种企业文化环境的奖项。有了这样的宝贵经验借鉴，我的艾克塞斯公司的领导班子有意地培养了一种长期积极可靠的文化环境。“每个人都有权利发表意见，也应该自己清洗咖啡杯”就是这种文化的一个细节上的反映。但事实也证明，关于如何维护企业文化，我需要学的还很多：如果我真的掌握了这项课题，那么阿特也就不会被聘用了。

第11章
企业文化的复杂性

于是，那个夏天我几乎每个周末都来找霍华德上“企业文化进修课”。第一堂课就始于晚饭后的客厅里。

“公司文化可以分为很多种。”霍华德说，“但我们只从普通员工的角度来看这个问题，因为员工才是企业文化所影响的对象。一个企业的文化是好是坏，要看是否能让这些维持公司运转的人感同身受。”

“好的。”我回答道，“假设我们来研究一家公司，不管是初次面试还是已经在这里工作了5年，你该把注意力放在哪儿？最需要注意的是公司文化的哪些方面？”

“文化具有多层次性。”霍华德解释说，“但不管这个集团是大是小，营利还是不营利，最基本的元素有两点：一个是企业衡量工作任务、价值和奖励制度的体系，还有一个是力量的权衡和信息的共享的制度。从本质上来看，这些是建立一切的基础，就好比这个宇宙中有无数的物种，但都是以碳和氢的不同形式组成的。”

“顺便说一句，别忘了这两方面和其他因素重新组合后就能创造出一个企业的亚文化。一个公司的各个部门就像独立的公司一样存在，这种情况不仅出现在通用汽车这样的大型企业集团，或是像哈佛大学一样，每个学院都有自己的系统运作方式。小型机构也遵循这样的模式，你的高中里每个科目的教研室，什么历史系啦、体育部啦，也有自己的亚文化。这些内在各部门的文化差异有可能会成为公司发展道路上的绊脚石。我曾见过很多人在公司某一种文化上相当成功，而在另一种文化中则表现得十分平庸甚至失败。”

弗雷迪走过来，递给霍华德他在晚餐时没有喝完的酒，然后和我们一起坐下来。霍华德喝完了酒，用手指摩挲着玻璃杯，思索着接下来的观点。“有个很有趣的现象，当我们讨论企业文化的时候，很多学生都提出文化也有好坏与强弱之分。在我看来，如果不走极端，不坚持要么无政府要么奴隶制的观点，文化是不分好与坏的。不同任务需要不同的对策，但是一个公司的政策和目标却可以成为文化是否有成效的见证。”

“同理，文化对于个人来说也讲究适用与否，这其实有点像姻缘。”他若有所思地说，把目光转向弗雷迪，“对这个优秀的女人来说，我是一个好丈夫，但对于其他千千万万的女人来说，我却不是，这其中包括我的前妻。但这并不代表我就是一个坏丈夫，我只是不适合其他女人而已。”

“那么从文化角度来看，大家应该如何找到自己的弗雷迪呢？”我开玩笑地问。

“弗雷迪是唯一的，而且只属于我。”他紧紧握着她的手说，“如果你允许我深入探究一下这个问题，我很乐意多提出一些想法。”

霍华德没有食言，利用整个周末的时间，他经过深思熟虑提出了衡量一个机构文化的框架。这个框架以5个问题为主，其中有两个是霍华德提到过的构成文化的基本因素。这5大问题让我深受启发，因此我也将其运用到了我的公司艾克塞斯答员工问的材料之中。在回答这些问题的过程中，你也会发现适用于你和你的目标的文化。（你对问题的初步结论也能成为你同自己的领路人或私人顾问团队之间的讨论材料。）

在现实生活中，这5个问题的答案可能是相互关联的，但你应该尝试打破它们之间的联系，分门别类地对其进行审视，然后再思考它们之间是怎样构成联系的。为什么？因为每个文化因素对个体的独特影响，故而必须单独考察每个因素。这些因素在特定机构中的组合形式也会或多或少地改变他们影响你的方式。

以下就是霍华德提出的问题以及他之所以认为这些问题很重要的原因。

问题1：大家的步调是否一致？

“你该做些什么，你为什么会在这儿？这是我和任何一家公司打交道时都最想提的问题。我希望能得到类似的答复，不管是由什么级别的人来回答。”霍华德解释说，“我不想听到布置任务或工作陈述之类的回答，比如‘我们是销售零件的’或者‘我们设计网页’，我希望听到的是他们是谁，他们为什么来这里，还有他们最看重什么。”

霍华德停下来，脸上掠过一丝若有所思的微笑，“你还记得弗兰克·巴顿吗？”这是他的好友，也是他的榜样。弗兰克已经过世好几年了，他曾是新闻业的大亨，同时还是有线电视及节目编辑方面的先驱、气象频道的创办者、美联社的前主席。弗兰克是一个非常聪明又创意十足的商人。霍华德最欣赏弗兰克所拥有的正直、远见以及所宣扬的企业价值观，作为弗兰克旗下企业之一的时代传媒的董事会成员，霍华德亲自见证了这一切。“弗兰克认为公司的首要任务是服务客户，而利润只是为达到这个目标的约束条件——如果客户满意，你才能获利。这种宗旨所呈现的价值就是时代传媒公司的文化基石。”

“工作任务、工作意图、工作价值，这些都是组成文化体系的核心元素，如果一个人不能很好地平衡这些方面，就会同工作环境中的其他人产生摩擦。很多人不觉得身处一个在经营意图、价值、战略目标都没有共识的如一盘散沙的公司有什么大不了，你也大可以说要是很多人连一个完整一致的远景都看不到，何谈什么任务、战略和价值。但是这样的结果会导致人心涣散。不知道公司前进的目标是什么，这种情形对于那些真正努力工作、追求人生完善的人是十分不公平的。”

“以我的经验而谈。”霍华德总结道，“有‘自我意识’的公司拥有更有效的文化——这些公司会投入大量精力不断为自己的员工指明他们的经营意图和存在价值。”

问题2：如何做个好领导？

“当我成为一家公司的一员时，无论是搞研究，作为投资者，还是作为董事会成员，我都希望了解这个公司的运作方式。”霍华德讲述道，“大到高管，小到部门主管，我都希望了解他们是怎样发挥自己的作用的。领导能力

个企业神话的。”霍华德有些无奈地说，“人们倾向于接受的这些企业之星都是靠着一己之力为公司带来了财富和利润。这在体育运动中可能说得通，但在其他行业里这是不太可能的。要是人们把投资经理、律师、银行家和首席执行官们当成美国橄榄球联赛的最有价值球员或棒球赛扬奖的获得者，那可就大错特错了。”

“这种扭曲文化概念的方式非常糟糕。只有没有前途的公司才会把‘企业明星’或‘不可替代球员’之类的概念当制胜法宝。然而，这种现象普遍存在，无论公司规模是大是小，而且不仅仅发生在管理层，就连办公室主任或部门经理都会觉得是他的经验决策或技能才决定了部门的发展，而其他人的工作不过是起推动作用而已。”

“事实是，一个公司如果存在这种‘企业之星’之类的人物，无论是名副其实还是人为制造的，都已经显示了一个公司是平庸还是优秀。一个人可能的确很出色，但个人的力量还是比集体的力量和智慧单薄许多。追求个人崇拜就等于是约束了每个员工力求自我发展的权利，公司也切断了自己向更高更新层次发展的潜在机会。这是一种约束才华的文化，浪费了那些还没有最大限度地发挥自己潜能的员工的资源。”

要是你让这种情况持续下去，霍华德说，这种文化将害人不浅。“从个人角度来看，不仅会限制他们的视野，而且会使他们忘记自己的责任，甚至会影响到整个公司的发展，最坏的情况是最后演化成为一种毫无意义可言的竞争文化。即便是最好的情况，也会把人们之间的关系变得十分冷淡，人人只为了满足私欲，而不是从大局上实现公司的目标。无论什么结果都会使企业低能低效，”霍华德说，“这是在制造员工之间的疏离感，不管他们的工作是否有交集。不用说，在这种以明星员工为主导的风气中，想让所有人都有共同承担责任的意识是不可能了。”

“我认为这种方式会令人感到沮丧，因为公司的目的是要完成整体目标，而靠一个人的力量无论如何是做不到的。”他说，“虽然可能会有特殊情况，但最见效的文化都是奖励和培养团队协作的。让人们相信只有共同奋斗，团结一心才能获得成功。”

“因此，好好想想这几个问题：我需要得到什么样的支持？如果想在我选择的职业道路上更上一层楼我需要什么支持？公司的文化希望我以何种方式和同事相处？”霍华德说，“最后一个问题针对的对象不仅限于你和办公室同事们，也包括公司其他领域的人，甚至还有客户、供应商、合作伙伴之类的局外人。”

“最后，为了更好地了解文化是需要人们相处、合作、并行、公开竞争的，问问自己：在这里工作的人们都知道他们来这里的原因吗？他们能做到相互合作吗？他们怎么知道自己是不是适合这里？”霍华德说，“要是你不亲自过滤一下这些问题，你就无法做到相互协作和齐头并进。”

问题5：公司如何评估员工的表现？

霍华德说文化的闪光点就在于透明、可预见性、进步和信任。对于评估，其意义何在呢？“首先，”他说，“评估员工表现的基准要尽量客观，并符合公司的整体目标。这些举措不一定是量化的，但一定要是明确的，不能依托某个人的个人意志。其次，衡量个人成绩以公司整体的任务、目标和价值导向为基础。最后，公司要重视小的成绩和循序渐进的进步，明白巨大的成绩是建立在日积月累的小成就之上的。”

“管理心理学研究表明，透明、可预见性和进步这个组合是一个人工作满意度和个人成就感的基础。”他指出，“建立相互之间的信任也是非常重要的，这是共同分担责任的基础。”

“‘预见性和进步’文化的对立面是个人努力被主观地评价，而不是依据客观的标准。这会出现信任危机，也会让一些人投机成功。在这种充斥着各种不确定目标和因素的情况下，很难让人有所期待，员工会变得困惑、不安和迟疑。结果是，员工不会付出百分百的努力，因为他们要时刻做好转换方向的准备。这绝对不是共同承担责任的文化。”

“从个人角度来说，在这样的企业文化中要最大限度发挥自己的长处，展示自己的优势，追求自己的目标，平衡各种选择真的非常难。”

在说到一个公司该如何评估员工表现的时候，霍华德说，需要明确的是另一个关键点也是十分重要的：评估是注重表现还是结果。“即便一个公司的评估是既客观又具有战略性的，表现导向和结果导向的区别还是非常大的——因为其中一项肯定比另一项受到更多的关注。”他说，拿出一沓纸和一支笔，写下两个数学公式。

“表现=F(努力+技能)，结果=F(表现+运气)。”他把纸转向我，我看到上面写的公式。“我希望这不是微积分，我的代数和统计学可是一塌糊涂。”

他大笑起来。“我保证这没有那么难，不过你可以称之为工作评估的微积分。‘表现’是努力和技能的函数，而‘结果’是表现和运气的函数。你可以控制用在工作中的努力和技能，但你不能控制运气。如果一个公司过于看重工作结果，而不是一个员工的表现，就会降低公司整体的预见性和透明度。这绝对不是好现象。但是这也可能导致一个公司长远的价值的重要性，被眼前的短期价值所取代。但一个想长期生存下去的公司更看重的应当是将来的价值。从纯商业角度来看，结果公式注定失败。从个人角度来看，这与个人精神遗产追求是相互冲突的。”

霍华德将话题转回到我们之前的话中。“弗兰克·巴顿相信一个公司的首要目标是服务大众，当实现了这个目标后自然而然会获得效益。他以实际行动实现这个目标，把结果放在考虑内容的第二位。这就是他给因一个决策失误给公司带来了损失的员工发了资金的原因，事实上，这个员工在艰难而且无法控制局面的情况下，仍然表现得很好。他也开除了一个虽然让公司赚到了钱但却与公司战略、凝聚力和长远成功背道而驰的总裁。”

“说了这么多之后，我们就有了透明、可预见性、存在自我意识和任务驱动的文化。”霍华德骄傲地说。

* * *

微积分是一种高等数学形式，通过组织大量信息进行预测。文化微积分则不会达到这么精准的结果，但是霍华德提出的5个问题却界定了企业文化的核心因素和这些因素能够发挥功效的有效排列组合。重要的是，通过这些问题的问与答让我们对我们所身处的环境、那些我们还没有意识到的问题有了清晰明确的认识。通过这种方式，霍华德为我们提供了一个有效的框架，帮助我们认识到什么样的企业文化才是最适合我们每个个体的。

不过，要获得成效，你还得依照个人情况回答这些问题。有些问题的答案可能是简单直接的（尤其是你现在所处的文化氛围之类的），比如：我能适应这种文化中的工作环境吗？在这种环境下我的心理和专业上都有安全感吗？我是对这种文化应付自如，还是已经身陷困境但却不知道原因？

其他问题则需要深入思考，比如：什么样的文化才能帮助我更好地发挥自己的能力和优势？什么样的文化让我能平衡自己的能力和尺度？什么样的文化更符合我对成功和成就感的定义并能给我我所追寻的奖励？

由于文化微积分的结果并不精确，在你塑造自己的框架时，不妨借助一下其他人的力量。这种问题需要你的领路人和私人顾问团队来帮你解决，尤其是帮助你明确你能在什么样的文化中成功前行。

要达成你的最终目标，识别、挑选、投入企业文化都需要时间和努力。不能盯着一张最佳工作地点的清单嘴里念着咒语，这是不够的。有努力才会有收获——最终你会获得职业幸福感。还有什么能比起那句话，霍华德在弗兰克·巴顿的公司里亲身体验后所说的“非常荣幸成为公司的一员”更令人欣慰的呢?

嘉宾故事:埃米莉·亨特

埃米莉·亨特在辛辛那提长大,毕业于乔治亚大学,现年27岁,定居曼哈顿,对纽约的地铁系统了如指掌。有人觉得很难适应这种颠覆过往的生活,但埃米莉不觉得,她发现自己跟居住的城市以及工作的公司都融合得很好。

“一开始肯定是有些不适应。”她笑着说,“比如纽约嘈杂的环境和高额的生活费。我一直生活在中西部和南方的环境里,也许我在工作之后应该换一种环境。”她在与丈夫回俄亥俄州与家人过圣诞节的前一晚接受我的采访时说,“我在乔治亚大学学的是时尚营销,于是我想应该去纽约发展。毕业后我到曼哈顿参加了一些实习工作,这对我来说是十分重要的经验。我爱这座城市的节奏,并且非常享受在时尚产业的工作。”

埃米莉的过渡期十分顺利,她面试了一些工作,就在毕业后没几个月的时间里,就在声名显赫的J.Crew(美国中档服饰配件品牌)获得了一席之地。“得到这份工作后,我相信我一定会喜欢这里的——毕竟这是一份人人都想要的工作,但只有亲身经历后我才明白这里为什么与我的想法如此契合。”

“这家公司的团队很年轻,很多员工只有二三十岁。J.Crew的副总裁只有39岁,因此和这些人打交道是十分容易的事。”埃米莉说,“如果我已经40岁了,在这种公司工作我会压力很大,但对于现在的我,这种环境刚刚好。”

“我也非常欣赏公司鼓励员工发挥技能和天赋的做法,并且还会培养大家的专业能力。公司支持我们涉猎各种领域,鼓励员工勇于尝试新鲜事物,更重要的是人们会因为他们出色的技能而获得晋升。”

说到晋升,埃米莉在J.Crew工作的3年多时间里已经获得了两次提拔。

“能有此殊荣都是多亏了我的好领导，是他们帮助我适应了新角色，并且在迎接新挑战的时候给予了我很大的帮助。”

对于埃米莉来说，J. Crew另一个非常重要的优点就是沟通和信息共享的开放性。“高管和管理层都非常乐意听取我们的想法。”她说，“实际上，我们的CEO米基·德雷克斯勒每天都会穿行在不同的办公区，与大家交谈，问询意见，提出问题，如果有人的意见没有被采纳，他也会花上时间给出建设性的反馈，并且解释提议没有被采纳的原因。”

“除了对内的开放性，对外也是如此——公司的管理者非常在乎客人的意见和反馈。在这一点上，米基做得非常好，他会认真回复每一封来自客人的邮件。这些事情虽小，但对我们所有人的影响却是相当深刻：这说明公司的确是按原则行事。”

我提醒埃米莉，不可能事事完美，这份理想的工作是不是也会存在她所不能认可的文化缺陷呢？

她想了想说：“的确有两点我不太赞同。一个是公司的职务变动过于频繁，这让学习成了一个无底洞。你刚刚适应了一个部门的工作时，努力希望做得更好，你就被调到了一个新部门，又有一堆新的知识和技能等待你去学习。这真的让人很郁闷。”

“第二点是在这种小型稳定的公司里，新人很难融入其中。这里的老员工已经形成了非常紧密的社交圈，要想融入进去不是那么简单的事。”

“但是，”她强调，“经过时间的洗礼，你还是可以适应的。对我来说，这两点不足在J. Crew的企业文化里来讲根本不算是什么问题。”

MY LAST CLASS
AT HARVARD

第12章
前瞻性的光辉

天生的探险家偶然进入商圈，但大多数人都痛恨冒险。这些人知道如何管理自己对风险的恐惧，他们只是选择规避风险，而不是不在乎风险。

我拿起电话，惴惴不安地拨通了电话，在听到霍华德那声熟悉的“斯蒂文森！”之后，我说：“老天啊，我刚刚进行的谈话简直太可怕了。”

“你太太和孩子们都没事吧？”他关切地问。

“他们都好。”我赶紧说道，“我说的是刚刚采访的一个年轻女士。”

“她有什么可怕的？”

“她这个人很好，但她的职业状况简直就是一场现实版的噩梦。”我赶紧补上一句，“你一定不知道我所指的现实版是什么吧？”霍华德大笑起来，接下来我告诉他，我刚刚对一个名叫洛蒂的25岁女子做了访谈，她是一家奢侈品珠宝公司在曼哈顿总部的办公室助理。我注意到在我去这家公司进行推广时，洛蒂在很认真地做着笔记，在休息时间，她找到我，为我的工作提出了很多不错的问题，最后终于鼓起了勇气，问我能不能给她半个小时谈谈她自己的工作。几周后，我们坐在我的办公室里进行了这番对话。

很快她就在对话中占据了主导地位，她不断地问我关于我的职业生涯的问题。很明显，她非常想知道我是如何在一个又一个工作之间做出决定的。如果事不遂人愿，我又是如何知道这是“正确”的选择的？要是不慎走进了死胡同，我会不会后悔浪费了自己的时间？在我犯了这样的错误之后，我又是如何挽回的？

在接下来40分钟左右的时间里，我一直在回答类似的问题，我很好奇她为什么会有这么多疑问。我不禁主动把话题转到了她的身上——她的家庭背景，她对现在工作的想法，她对未来的打算，慢慢地我找到了答案。洛蒂出生在匹兹堡一个富裕的中产阶级家庭，她的母亲是一所综合医院的管理者，父亲是一个企业律师。她曾经在认真考虑过后决定要成为一名教师，她在纽约读了基础教育的学科。4年的时间过后，她终于得到了做一名教师的机会——站在了讲台前，但她却发现一切不如她想象的那么美好。但是她不想浪费了自己本科的专业，决定投身特殊教育事业，也许这更有意义。后来她拿到了特殊教育的硕士学位。她的男朋友在一所蓬勃发展的合资咨询公司做工程师，十分支持她的决定。实际上在她读研的时候，他们就同居了。两年后，男朋友成为了她的未婚夫，全家人聚在一起庆祝她拿到硕士学位，而她也对未来的全职教师工作充满憧憬。

不幸的是，坐在我办公室里的一个两年前对一切充满期待的姑娘，现在却充满了失落和困惑。她的特殊教育工作只进行了不到1年。“我喜欢孩子，不管他们是什么样，而且我也感觉我是在做有意义的工作。”她对我解释道，“我真的尽力了，最后却搞得自己筋疲力尽。只过了几个月，每个周日晚上我都会心神不宁。我知道这条路已经走到了尽头。”洛蒂放弃了教师工作，心中充满了愧疚，她觉得自己的事业遭受了沉重打击，还浪费了6年的时间和大笔的学费。

我总结了一下，告诉霍华德：“她需要一份工作，但却缺少目标，于是在一个朋友帮助下她来到这家珠宝公司。他们给了她一份初级工作，她接受了，现在已经工作了1年。不过这里对她来说只是一个死胡同，她对中高端零售行业没有兴趣，而公司也无意拓展她的技能、发展她的潜能。”

“嗯，她现在是怎么计划的？”霍华德问。

“这才是最可怕的地方。”我说，“她根本没有计划。她已经麻木了——她已经失去了分析能力。她找到了很多像我这样的人聊天，努力搜集信息和想法，但很明显都没太大作用：没有计划，没有进程，甚至连下一步该怎么办她都不知道，就好像把所有信息都丢进一个大机器，然后被吞得一干二净。”

“洛蒂也知道自己的处境很危险，但她不敢轻举妄动。她害怕再次失败——又要浪费时间和金钱，害怕会让父母失望，害怕自己压根什么都做不好。她把自己圈了起来，她不想再次遭到事业的打击，在事业道路上她给自己施加了太大的压力。”我总结说，“最让我感到恐惧的是她的意识麻木——痛恨现状，同时又不敢放手一搏。”

霍华德半晌没有说话，然后问道：“你就这样放弃她了？我的意思是，你不是那种会把人丢在困难中的人，很明显她遇到了困难。”

“我告诉她，归根结底，她对风险的恐惧套住了她的手脚——她担心自己重新择业还会面对更大的风险。”我说，“我告诉她有空应该多来找我聊聊，但首先我希望来找我谈话的人能对风险有一个大概的了解和评估。”我停顿了一下，“那么，教授，你愿意跟我一起帮她渡过难关吗？”

“当然，你可以再多给我讲讲她的情况，我会好好想想的。”他回答说，“你什么时候有时间过来坐坐？”两周后我要去康涅狄格州见客户，我可以在完事后乘火车去剑桥城与霍华德和他的妻子共进晚餐。“这样安排的话，还来得及帮助洛蒂吗？”霍华德问。

“当然来得及，一时半会儿她是不会离开目前的岗位的。”

* * *

我和霍华德与弗雷迪一起坐在餐室，喝着酒杯里的美酒，享受着美味愉悦的晚餐。弗雷迪像只鹰一样严格监控着霍华德的饮食：洒了柠檬液的辣椒烤青鱼（鱼油可以减少心脏的负担）、沙拉、应季蔬菜，一条新鲜的全麦面包。在吃完最后一道甜品温水煮梨后，我放下勺子，说："弗雷迪，别告诉我太太或者我母亲，但这是我吃过的最香的一顿家常便饭了。"

"谢谢你，艾瑞克。"弗雷迪说，冲霍华德点点头，"如果要让这家伙保持健康，我就得坚持下去。"霍华德不好意思地笑了，因为她说得对。他喜欢丰盛美味的食物，充满胆固醇的牛排和奶油水果馅饼对他的诱惑太大了。在他们刚结婚时，霍华德对食物的喜好还没有影响到他的健康，因此弗雷迪也就任由他去了。但是2007年霍华德的心脏出现问题后，她不再放任他对食物的选择了。她的创意和坚定很好地调节了霍华德的健康饮食。

"你们两个今晚有什么计划？"她一边收拾盘子一边问道。

"我们要谈一谈关于风险的话题。"霍华德严肃地说。弗雷迪向我投来疑问的目光，仿佛在问："你又把我丈夫拖到什么鬼把戏里了？"

"其实，"我站起来从她手里接过脏盘子，"我先要洗盘子，然后我们要聊聊风险的概念，还有如何做出你生活中的风险决策。"

"艾瑞克一个年轻的朋友遇到了些困惑的问题。"霍华德边说边把沙拉碗拿到厨房。"她害怕冒风险，哪怕是眼前一个无害的风险，因为在她看来冒险就等于等着天塌到她身上。"

"你没给她看看霍华德写的如何处理风险的书吗？"弗雷迪问我，"或许会管用呢。"

"女士们先生们，这位是我的图书经理人，弗雷德里卡•斯蒂文森（弗雷迪是弗雷德里卡的昵称）。"他打趣道，"让我们看看，在把这位年轻的女士拽入我的企业风险研究和预见性智慧的深海之前，能否给她些其他意见参考。"

我们花了几分钟时间清理桌子收拾剩菜，然后我们来到地下室霍华德的小办公室。每次走进这个房间，我都忍不住想笑，因为在他办公桌对面的架子上摆着一个1英尺（约0.3米）高的尤达大师模型（这是我在施瓦茨出差时打算买了送给我儿子丹尼尔的，但后来觉得送给霍华德更适合），在尤达周围摆满了各类图书。这间迷你图书馆的藏书包括霍华德出版的每本书，我拿下来两本，说："弗雷迪说得有道理。这些书应该都能让洛蒂对工作有些新想法。"

"没错。"他说，"但根据你告诉我的情况来看，现在她的问题不是缺少信息。她的问题是不知道该如何处理她所有的信息，怎样将想法进行对比，如何利用她所掌握的信息对将来的选择进行分析。"

"你说得没错。"我说，"我们从哪儿开始？"

他想了想说："当你说和洛蒂进行了一番可怕的谈话时，我还笑过你。后来我仔细一想，竟然觉得你的经历我也很熟悉——我也曾与各个年龄段的人们有过这样的对话。不过每个人的情况都不一样，但他们纠结的问题在本质上往往都是类似的。"

"我的学生们总是会以'我想做自己想做的事，做自己的老板。但我真的不是冒险家，我想我当不了企业家，对吗？'之类的话开头。"他摇了摇头，笑了，"几年前我们在哈佛商学院开办企业管理课程时，人们都觉得企业家都是一群到处冒险的疯子。原因之一是当时没有太多学术性的专题研究介绍企业家的真实情况，即便是在今天，人们也还是把企业家当作冒险狂。在40年的研究过程中，我很少见到甘愿冒险的企业家。例外是有的，天生的探险家偶然进入商圈，但大多数人都痛恨冒险。这些人知道如何管理自己对风险的恐惧，他们只是选择规避风险，而不是不在乎风险。"

"规避风险不仅是企业家应该掌握的原则，而且也应该是在不同类型公司里都想大展拳脚的人们掌握的技能。重点在于，任何一个希望在事业上表现出色、勇于前行的人都应该正视风险的存在，这是非常重要的。这是洛蒂首先应该明白和消化的内容。"

我点头表示赞同："其实我们每天都在这样做，对吗？在高峰期穿梭于第五大道是有风险的；比起煮熟的虾，吃生鲜寿司也是有风险的；比起存在银行，用钱投资股票也是有风险的。"

"没错，"霍华德说，"洛蒂在作类似这些决定时没有困难，她需要把她应对这类风险的能力应用到处理她的职业风险上。她习惯了如何应对这些风险，虽然她可能没有意识到，但她已经大大地降低了她的风险等级。她选择等红绿灯，而不是乱穿马路；她只去提供鲜鱼的著名寿司店吃饭。这也是企业家们会做的——无论他们从事什么行业——减少风险的范围和降低风险的等级。于是第二个洛蒂需要明白的方面就是：她需要主动降低她眼中的风险。"

"有了这两个想法，她就会问自己，"霍华德停下来微笑着看着弗雷迪端着的托盘，上面有杯子、咖啡和装着牛奶的容器。"我们真是心有灵犀。"他对她说，"怎么只有两个杯子？你不和我们一起吗？"

"我很愿意听听你们如何帮助这个姑娘。"她说，"我对帮助年轻人解决风险问题非常感兴趣，但是可惜我今晚要参加一个暑期之旅的会议。"弗雷迪是波士顿暑期之旅的创始人之一，这是一个非营利公益组织，为家庭条件困难的低收入高中生提供全年性质的辅导、暑期体验和提供高校指导等活动。该计划能帮助他们考上大学，改善他们的生活质量。弗雷迪非常自豪的是参加暑期之旅的孩子们都没有辜负她的一片苦心：所有参加了这个项目的学生都获得了高中毕业证书，94%的学生考上了大学；89%的学生已经毕业或即将毕业，而波士顿其他学生的同龄人，这个数字只有59%。暑期之旅之所以成功，我想是因为创建者们勇于面对帮助这些处于贫困线上的孩子的风险。

"回头我会给你细说的。"霍华德答应她，我给了她一个大大的拥抱和告别吻。

我们喝着咖啡，霍华德继续回到刚才讨论的问题当中。"洛蒂的问题应该是‘我应该如何评估风险，怎样才能平稳地规避风险稳步向前’。这时你就需要发挥作用帮她打好基础了。”

“怎么打好基础？”

“你需要给她奠定一个基础，在你写的这本书里我们已经讨论过很多重点了。洛蒂遇到了生活中的转折点，但是这个存在潜在风险的转折点又该如何处理呢？她还没有意识到这是一个绝佳的机会。她还没有确立自己的精神遗产观，所以她才会失去方向感，找不到生活中的平衡点。最后她也没有发掘自己的优势，或者换种说法，她需要找一份让她发挥自己的优势的工作，即便她不知道她将面对怎样的结局。”

霍华德喝了一口咖啡，“懂我说的意思吗？”他问。

“我懂。”我说，“你的意思是在为她搭建基础的过程中，她自然而然会领悟其中的道理，摆脱困境，积极前进。”

“一定会的。”他说，“因为这个过程的结果——即便她依旧意识不到自己的精神遗产和优势，也会让她了解她目前所面对的风险的特点。”

他示意我从书架上拿下一本书。“这本书里的就是我们所说的基本观点。”他翻着这本《创造属于你的运气：聪明应对风险的12个步骤》，这是他与艾琳•C. 夏皮罗合著的一本书，在企业管理业的反响很好。2005年出版的时候我就拜读过了，觉得这本书非常吸引人，我本人也深受启发。这本书是写给企业家们的，还有那些希望成为企业家的人，在分析潜在风险和通向现有企业的获益道路上，这本书提供了非常详尽的框架。框架的核心就是建立在12个问题上的——“赌徒一箩筐”，帮助领导者和企业投资人决定是否要加入到冒险之中去。这本书看起来像是写给商人们的，但实际上却对每一个人都有所帮助，有助于培养他们发展个人事业的企业家眼光。

霍华德停下来想了想，说：“赌徒一箩筐可以作为问题的集合，洛蒂可以就她目前的情况思考以下几个问题，

“你对现状和现有的收获满意吗？

“接下来的一两年你有什么想要实现的具体目标？

“如果你承担了风险却没得到你想要的，你会不会选择一条与现在不同的路？那样的状况会比现在好还是坏，还是一模一样呢？”

“这些问题可以让她以一种不同的方式认识到风险所在。”他说。

他绕过办公桌，从书架上拿下第二本书《弱肉还是强食：创造未来的可预见性力量》。这本书深入研究了在商业、社会和个人生活中构建预见性的重要性。他边翻书边说：“我对于风险这个词持保留意见，我觉得风险这个词并不适用于形容……风险。”

我笑起来：“你的下一本书应该叫作《霍华德的定义》。”

“好主意。”他笑起来，继续陈述他的语言观点，“在我看来，风险就是‘结果’和‘不确定性’的结合体，像一个简单的数学公式。如果消除不确定性，结果就显而易见，风险也就消失了。现在，‘不确定性’的另一面是‘可预见性’，如果你在预知结果上有了更多信心，也就能决定是不是要继续追寻下去。因此，减少风险的最好办法是增强预见性。”他把《弱肉还是强食：创造未来的可预见性力量》那本书递给我，“删去所有花哨的学术语言和案例，剩下的就是这本书的中心思想。”

“嘿。”我指着书的封面说，“我一直搞不明白这书名是什么意思。《弱肉还是强食：创造未来的可预见性力量》，吃和预见有什么联系？”

霍华德摇摇头笑起来。“这本书是讲预见性的，不过要起个耸人听闻的标题罢了。出版社觉得‘强食’这个词能让读者觉得如果不读这本书就会有很大风险。不过我觉得他简直就是添乱，这样做完全就是减少预见性，反而增加了他自己的出版风险！不过这也给我又上了一课，虽然你写的书是切题的，但你无法避免其他不确定性的情况发生。但是，”他拍了一下桌子做出最后总结，“把乱七八糟的状况清除掉，你也就对不确定性一目了然了。”

“虽然我们无法控制事情的结果，”他继续说道，“通过对选择和随之而来的影响进行深刻的评估与分析，我们可以获得对结果的预见性。预见性还可以帮我们消除悔恨：当你觉得已经充分利用现有信息做出了最佳选择，但结果却不如你想的那么好时，你也不必后悔当初作的决定。”

* * *

我和霍华德后来又聊了很多，过后的一周我们还通了一次电话，他为洛蒂提出一系列精确可行的步骤，当然也适用于我们每个人，在自己的职业道路、选择和决定上“用预见性的光束照亮前路”。这些步骤都是建立在霍华德为洛蒂提的一系列建议基础上的，如下：

1. 解构风险

人们普遍把风险看作是一种单一的形式，实际上它是由很多因素组成的。这是“身在庐山不知处”的另一个例子，意思是被事物的整体所淹没而无法区分各自部分。把“结果”的因素从“不确定性”因素中剔除是很有用的。然后，进一步解构：要认清每个存在可能的结果中的收益和需要付出的成本，还要认清导致不确定性发生的诱因。把看似坚不可摧的整体拆开后，原本看似巨大的风险也就变成了可控制的选择和问题。这样做也避免了绕圈子，本来前景不是很明确，这时却可以利用现有的“事实”做出下一步的评估，避免了新情况的发生。经过这些不甚准确的推理步骤，风险的级别也降到了最低。最后，利用解构来识别和对抗针对风险产生的恐惧和情绪，一切就都迎刃而解，就可以毫不用费力地对抗现实。

2. 目光长远

我们有很多弱点，比如在冒风险之前，会想到自己失败的可能性比成功的可能性大得多。有时比起目光长远，选择目光短浅是人的天性。但这不是评估风险的最好方式。要认识到人的这些自然天性，深入挖掘你的自身，找出你为什么宁可不要长远的收益，也不敢承担眼前的风险的原因。“‘目光短浅’是由于人们习惯了现状，对接受工作中的新挑战有抵抗心理，不是因为他们觉得自己不具备应对挑战的能力，而是因为他们觉得自己已经做得足够好，不需要再去学其他新东西。”霍华德说。主动投身冒险可能会为你换来一片光明的工作前景，但这需要很大的勇气，我管这种人为“精神勇士”。

当我们考虑失去眼前高薪风险，去追求对事业长远发展有利的目标时，我们就要做“精神勇士”。你总得牺牲点什么，才能完成交易。我的朋友麦克・利文现在是受人尊敬的拉斯维加斯金沙总公司的总经理，他曾经放弃了一份薪酬不错的工作，接受了一份虽然低薪但却让他收获更多知识和经验的工作。“我总是往长远了看。”麦克有次跟我说起他的经历，“如果能让我更好地发挥专长，就不算什么风险。”同样，洛蒂现在要是肯冒一把暂时失去收入的风险，在将来却是能让她收获更多的。“有父母和未婚夫的支持，她本身不用担心收入问题。”霍华德说，“如果我是她，我会问自己‘接下来两年，无论能收入多少，我该怎样去追寻自己的梦想，才能找到自己真正感兴趣的职业目标？’当然，要预测未来做出长远选择，收入因素也是需要收集的数据，但为了获得前进的动力和方向，短期的收入风险是必须承担的。”

（我在听了霍华德这番建议后，惊叹这其中蕴含了那么多霍华德的理念：要向前看；时间是可以靠自己管理的资源；职业幸福感是非常重要的目标；我们对自己的了解，无论积极还是消极的，都是有益的，在选择风险时都可以加以利用。由于以上这些原因，霍华德对洛蒂所提出的建议，冒短期风险会让洛蒂获益长远，不管在精神上，还是物质上。）

3. 全局为重

研究表明，年轻人总是担心做错事，而年长的人们则会为没有做过的事不开心——他们没有体验过的经验或没有追求过的机会。同样，研究也发现人们更担心的是做错事给他们带来的糟糕感觉，可是一旦发生了最坏的情况，他们却因为已经预料到了最坏的结果而发现感觉并没那么糟。因此，人们怎么看待风险是很重要的。“从终点开始”说的是精神遗产观，对于纠正人们看待风险的错误观念也是很有帮助的。“放手一搏，”霍华德建议，“什么都别想，只想想你希望葬礼上人们说什么。问问你自己，从这个方面看，哪种选择风险更大。在你做选择的时候，别忘了卢西尔•鲍尔的名言‘我对做过的事比没做过的事更能感觉心安理得。’”

4. 分离反转

如果有补救措施或可以原路返回，有些风险可能看起来就没有那么可怕了。反过来说，有些风险之所以让人感到恐惧是因为它们无法逆转。从法学院辍学的风险也许是可逆转的，最坏的结果只是你需要重新申请。在备战奥运会期间长期不参加训练是不可逆转的风险，因为这样做能获得成功的机会实在是小之又小。辞去会计工作改行去演百老汇喜剧可能不太明智，但这却是可以逆转的风险，如果你不能一鸣惊人，那就做回会计的老本行吧。不过，如果你得到了试演的机会，但却需要辞去工作，你不想失去自己的养老保险而在审计上做手脚，这风险就无法逆转了。“总之，可逆转的职业风险比不可逆转的要多。但是，你的行为只要不会在身体、情感、法律上伤害到他人，它就是可逆转的。”霍华德说，“因此，无视风险中的可逆转性本身就是弄巧成拙。”

5. 分担风险

一旦你搞清楚什么是风险及其强度，就要把它分解开来。“企业家的基本原则就是要让众人共担风险。”霍华德说，“风险投资家为刚刚起步的公司承担了很大一部分风险。作为回报，他们会有长期的收益。为了分担这种风险，风险投资家会投资很多项目。”但是这种情况并不适用于每一个人以及每一种情况，你没有必要为了分散风险降低不确定性而成为风险投资家。我只是希望这样说能让你更明白这个问题。问问自己：我能不能在一段时间内采取实际行动将风险分散？有没有办法在实施之前就预估到不确定性？有没有"伙伴"愿意和我一起分担风险？

霍华德是一个善于分担风险和减少不确定性的大师——在任何情况下都是。最让我津津乐道的是他在欧洲旅行时买一个雕像的故事。他当时遇到的问题是该如何安全地将雕像运回他在剑桥城的家。货物虽然上了保险，但如果运输途中遭到损坏就要花费时间和精力维修——这样的话他的开销可能会更大。所以他是这样处理风险的：他给卖家买了一张到波士顿的机票，说："你亲自把雕像带到洛根机场交到我手里，如果没有出现损坏，我就付你全款。"最后，两方交易成功，风险被降到了最小。

* * *

我再次见到洛蒂的时候，我把这5个建议告诉了她。由于霍华德的鼓励，我又依照自己的经验加了3条建议。

第一，我告诉她：不要听信别人对风险的定义。如果你问我什么样的工作环境是有风险的，我会说，大企业。因为当我身处这样的环境中，我感觉仿佛失去了掌握自己命运的能力。如果把这个问题提给我的好友兼私人顾问团队成员马克•比尔陶，他会说加入小型公司是有风险的，因为市场竞争非常残酷，而且不允许你犯错。比如在艾克塞斯这样的公司。我们有谁说得不对吗？没有。我们两个对风险的定义会对洛蒂产生影响吗？当然不。

第二，我告诉她：该着急的时候再着急。这源于我的亲身经验。10年前，在犹豫要不要申请去读哈佛的研究生时，我非常纠结，如果花上1年甚至更久远离我的事业轨道，我会不会遭遇事业上的严重打击；我不但会失去经济来源而且还要花上一大笔钱交学费；珍妮弗对搬去波士顿生活会不会不习惯；

等等。一天，我向我的朋友维克拉姆述说着这些可能出现在我生活中的各种风险时，他叫我停下，说："别说了。你担心的这一切还都没有发生呢，先做个选择吧，然后再考虑有可能遇到的问题。"他的话让我发现原来我一直都在为这种事纠结，每周至少一次，面对选择，担心如何应对。（我也把霍华德的推论加了进来，别去为那些别人的问题担心。不要把别人需要操心的事加到已经很费心的分析中来。）

第三，我告诉她：别不做选择。不做选择就是一种选择，这个说法早就成了一种陈词滥调了，但还是不断有人掉到这个陷阱里。如果你身处一个并不理想的环境中，不做改变就是一种冒险，即便表面看起来没有这么严峻。接受你的生活和事业里不会一帆风顺这个现实吧。（霍华德会引用拉尔夫·沃尔多·爱默生的名言："只要有生命，就有危险。"）你得明白风险管理是你必须培养的一种技能，有时有失败才会有经验。为了避开风险而不做选择是一种错误的防守方式，这只会带来更多风险。除此之外，还会让人觉得枯燥和不满。

最后，我把霍华德的中心思想告诉洛蒂：最大的风险就是停止前进，不去追求你理想的状态。

嘉宾故事：明迪·格罗斯曼

明迪·格罗斯曼的职业生涯看起来就像是一系列没有必要的冒险，像是冒着风险从一个高峰跳到另一个高峰。但她却持不同看法。这位备受尊敬的成功女性，HSN（前身是家居在线）的首席执行官把风险看作是职业发展中的必要部分，并且可以从中获得成就和满足感。

一个在大三的时候选择辍学的人才会有这种想法，她不想走那些别人为她安排好的职业道路。"我想到毕业后要读法学院，然后……嫁作他人妇，就觉得很没意思。”在HSN的纽约总部办公室里，她对我说，“人人都说我很傻，我的父母对我也很失望，但他们最终理解了我想走一条不寻常的路。”这条不寻常的路就是服装零售业，她一旦做出了决定就不会回头。事实证明，没有学位并没有影响她在职业上的发展：《金融时报》将她评为影响世界商界的50个女人之一，《福布斯》更是盛赞她是世界一百强的女人之一。

在她“辍学”变成了“最权势”的过程中，明迪发现了好好利用职业生涯风险的力量。起初这些风险很难被人注意。20年前，她在商界中走的一步却引起了很大关注。在接手汤米·希尔费格（Tommy Hilfiger）这个品牌后，经过明迪的经营，4年内品牌收益从380万美元飙升至3亿美元。之后她选择离开这里，冒险去掌管一家名叫拉尔夫·劳伦的弱小企业。当时业界内没有人看好她这个选择，都认为她犯了错误，不会再获得成功，而且这会摧毁她已经腾飞的事业。但明迪认为她在希尔费格创造的辉煌已无法自我超越：不再有大的挑战，也不再有发展机会。别人觉得在拉尔夫·劳伦的工作充满风险，但在明迪看来却充满了商机，在这里她很有可能成为业界内少数的女性首席执行官，还能创建品牌。她说到做到，她让公司的利润在3年内增长了10倍。

估计你已经预料到了，在这里干了3年零2天后，她再次提出了辞职。“我公司所在企业集团瓦纳柯（Warnaco）的企业文化真是糟透了。公司的CEO故意制造一种有害的、建立在恐惧之上的企业文化。”明迪回忆道，“虽然我的待遇还不错，但我意识到正是由于我的出现才加速了这种毒药文化的发展，于是我再也受不了了。一天，我走进CEO的办公室，告诉她我决定辞职，并且在太阳下山前就离开了那里。”虽然在早上去办公室时她就知道这会对她的事业和收入产生影响，但她知道更大的风险是对她个人价值的威胁。

在业界内摸爬滚打了12年，经历几次冒险，在整个过程中，明迪一直都清楚地知道自己想要什么，无论是从个人还是职业角度。2006年，明迪成为耐克公司的全球副总裁，并给公司带来了4亿美元的收益。在获得巨大成功6年后，她一上任，业内就有人预言她半年内就会遭受失败。“后来，”她说，“我意识到该是改善平衡的时候了，我应该少花一些时间满世界地出差，多花一些时间陪陪女儿和老公，还有我的父母。但我不想在事业上就此碌碌无为。”她要怎么做？当然是让那些说风凉话的人再一次瞠目结舌。

在事业的巅峰，她离开耐克公司，投身她从未涉猎的事业中：她开办了一家媒体和电子商务公司，领导了这家公司的首次公开募股。这家公司就是今天的HSN，它的母公司就是HSN.com和基石品牌公司，现在HSN已经是享誉全美的企业之一了。

“在我离开耐克时，大家都觉得我要么是在拿自己的事业开玩笑，要么是疯了，或者两者都是。后来在2008年，我们的股票跌得一塌糊涂，我想他们也许是对的。”她懊恼地笑笑，“我经历了无数个失眠之夜，感觉我应该为我的6000名员工和他们的家人的生计负责。但我相信我们做的都是正确的——并不仅仅为了应对暴风骤雨，而且还为了构建更强大的公司。”

和明迪接触，感受到了她的精力、热情和智慧，你自然会明白她为什么在每份工作中都表现得如此出色。但当她说出“我知道我们做的都是正确的”这句话后，我才明白她为什么甘愿每次都冒巨大的风险去追求成功。明迪所做的风险决定都是被她清楚的精神遗产观所驱动的，再加上她永不言弃的价值观，还有她对在生活中如何平衡的清醒认识，让她成为不败神话。对她来说，去做其他的事才是最大的冒险。

现在回想起来，我问她对那些自以为知道她该干什么的人是什么看法。她沉默了一会儿，说：“我发现很多很多人都本能地反对别人冒风险。但当你这么做时，你会发现你是错的。所以我给自己制定了严格的规定，我从来不去干涉别人的决定。我只赌谁会成功。”

“还好我身边的人都是头脑灵活的人，他们能够提供正能量，从整体的角度考虑问题，也明白不打破规则就不会获得进步。换句话说，他们都是甘冒智识和专业风险的人。没有眼光、创造力，不敢有技巧地去冒险，还何谈发展？”

MY LAST CLASS AT HARVARD

第13章

不要轻举妄动

别人眼中的失败在我看来却充满意义——充满了新数据，也提供了新的机会，以便评估和重新调整既有策略。

几年前，哈佛的一些教职工、学生、管理者，聚在一起讨论了一个很少被关注的话题：拒绝与失败。这个讨论会的主办方将标题定为应对拒绝，发现失败中的生机。他们这样描述他们的意图：

在生活中，我们都曾有过被拒绝的经历。你求职、申请学位或者奖学金，你参加面试，你希望发表文章，你努力想要拿一个对你很重要的奖项，但一切都不能如愿。在情绪处于无尽的低谷时，我们如何才能把未知的未来转化为机会，把灾难转化为新发现，把失败转化为财富，把柠檬变成柠檬汁？

在会上，参与者们都以自身角度讲述了那些影响到他们生活的遭拒经历。正是经历过这些苦难，他们才对“成功”与“失败”的含义理解得更为深刻。分享自己故事的人来自各行各业，有律师、商学院申请人、科学家、数学家、作家，还有珠宝师。举个例子，哈佛大学遗传学教授乔治•丘奇，久负盛名的学者，发明了可以自动读取DNA的软件，就讲了他学生时代所经历过的打击，比如重读九年级，还有在哈佛取得他的博士学位前，他曾被杜克大学退学的经历。

肖力萌（音译）是一个聪明并富有创造力的统计学教授，不但跟大家分享了一些他遭拒和失败的经历，根据他自身经验还提出了一个有趣又有逻辑性的“拒绝统计理论”。它的意思是，不管是社会、家庭还是我们自身，都认为遭拒与失败是因为资质不足或努力不够。“对于那些值得去争取的东西，”他的理论表明，“随机找一个在努力争取的人，他被拒绝的概率比被接受的要大得多。”如果这样想，那么我们所有人在每件事上都被接受，或者说获得成功的概率都是零。

就像肖力萌的理论，这次讨论会就是为了告诉我们：没有人不曾经历过拒绝与失败，即便是我们之中最成功的人也不可能次次都是人生赢家。但另一个观点表达的意思更为清楚：失败不是故事结尾。在所有与会人员之中，遭拒与失败对他们来说都是一种动力。（用霍华德的话说就是这是“巨大”的可以带来颠覆性变化的转折点。）对于其他人来说，就像是一记警钟，使他们意识到需要重新确定自己的目标，重新审视他们的精神遗产，重新评估自身的优势。

在一个春日里，我把在“应对拒绝”讨论会上的经历讲给霍华德，我们坐在他办公室外靠近草坪的长凳上。“有些对话真是非常有意思。”我说。

霍华德点点头，叹了一口气。“这种讨论机会应该更多一些。过去这些年，人们都把成功看得不费吹灰之力，而失败在他们眼中反倒成了不能示人的人性污点。”

“你是指这里吗？”我指指那些在春日暖阳下穿过哈佛校园的学生。

“是的。”他说，“但远不只是这里。哈佛不是成功专制的垄断者。”

“这又是霍华德式的新表达。”我笑着说，“但是可怜可怜康奈尔的毕业生吧，‘成功专制’是什么意思？”

他笑着解释道：“其实这不是‘霍华德式的语言’，因为这个词在至少10年前就出现过了，只不过语境不同。这个词当时用来形容公司总裁注重短期收益大于长远增长的一种趋势，一些企业家也用这个词来形容企业摆脱现状以谋求新创意，追求新发展模式。

"'专制'这个词描述的是无情的压倒性的压迫统治。我用'成功专制'这个词来形容一种社会性的现象：我们很多人都被一种专断的潜意识控制着，认为成功就意味着一切，不成功便成仁，而成功对立面是糟糕透顶无法挽回的失败。在这种情况下，成功专制势必与名人文化概念联系起来，如果没有成功，在某种意义上就意味着死亡——你只能一辈子做无名小卒，没有人关心你的存在。成功专制也给人们的懒惰因子注入了兴奋剂，让一种偏激的思维变成了共识：成功就是好的，而不成功就是坏的，没有中间地带，反正成功不了，我们就不需要努力了。

"20世纪早期哲学家汉娜•阿伦特曾提出：'在专制肆虐的情况下，行动起来比产生想法更容易。'我相信对待成功专制的人们只是做出简单的积极或消极的反应，却几乎不去考虑其深层的影响。他们不明白世界上根本不存在纯粹的成功或失败，唯一的纯粹的失败就是死亡，或许这种说法也不对，毕竟还有天堂和灵魂之说。"

我理解消化了一番这些晦涩的概念，然后直截了当地问霍华德："你经历过什么样的让你猛然警醒的失败？"

霍华德想了想，欲言又止，用一种迷茫的神情看着我。我以前问他问题时从没看到过他有这样的反应，即便有过，我相信也没有这次这么奇怪。"我不知道该怎么回答这个问题。"他最后说，"我从没有过这样的想法。"

他靠在椅背上，细细回味着我的问题，试着做出回答。"我想我回答不出这个问题跟我的信念有关，'永远向前看'，这对我而言与众不同。让我慢慢讲给你听。"

"我只愿意为那些我可以改变的事物付出精力。过去发生过的事对我的意义就是我可以在处理新问题时加以利用。直到如今，我也从没觉得我经历过什么彻头彻尾的完全的失败，没有哪次我找不出对我有益的新信息。我把失败看成是不同的状况，这些状况中包括了某些积极的结果、消极的结果，当然也有一些不好不坏的结果。这也是为什么要纵观全局，又要重视局部的原因。由于任何经历都有积极和消极的影响，别人眼中的失败在我看来却充满意义——充满了新数据，也提供了新的机会，以便评估和重新调整既有策略。

“别误会，我肯定是经历过令人绝望的境况和痛苦的经验的。但这些是失败吗？对我来说，不是的。我的第一次婚姻是失败吗？的确没能成功，但肯定不是失败，我得到了3个出色的儿子和一群可爱的孙子。我在哈佛商学院第一段任期是失败吗？没有成功，但也不意味着失败——我把课教得很好，还做了出色的研究，并为我将来的成功打下了坚实的基础。

“我想我回答不了这个问题的主要原因是，‘没有收获’与‘失败’对我而言是完全两个不同的概念。对我而言，真正意义上的失败应该是，我无法完成那些对我很重要的事，那些基于我的道德底线必须做的事，我不再做那些成就自我的事，我不再遵循我的精神遗产观办事。”他转向我，“这样说够清楚吗？”

我点点头。“我的一个很睿智的朋友弗朗索瓦•贝纳米亚斯说过‘在努力过程中不存在失败’。你应该会同意他的说法。”

“完全同意。”他说，抬起一根手指，“但要符合两个条件：第一，努力一定要建立在正确的道德和价值观上。我相信，除了死亡，道德败坏的失败才是真正无法挽回的失败。道德败坏带来的破坏是无法修复的，所要承受的失败注定要跟随你一生。这种失败让你无处可藏，如果你为了自己的成功而不顾别人的安危，踩着他们的手爬上天梯，当你掉下来时是没有人愿意接住你的。当然这种成功也是不稳固的，稍有不慎你就会掉入无尽深渊，你用来安慰自己的那些伪道德也无法帮助你。那只会加深负面影响，让你失败得更彻底。”

“第二点就是一定要发自内心地努力，并且你所追求的目标是适合你的。”他停下来试图利用回忆来举例，“你记得阿瑟•阿什吗？一个伟大的网球运动员，同时也是历史上第一个打破传统网坛种族歧视的运动员。当被问到他如何处理生活中的障碍时，他回答得很干脆：‘做你自己，利用你拥有的能力，尽自己一切努力。’我也在照他说的这样去做。每天，我都会去想想我想成为什么样的人，问自己：‘今天我需要做些什么才能更接近我的人生目标？’老实说，我过去经历过什么样的‘成功’或‘失败’并不重要。重要的是今天的我是什么样的，我要以什么样的面貌去工作，我能为我将来的生活做些什么，能不能完善我的精神遗产。”

霍华德的话总是值得回味，而关于“成功”与“失败”的话题也让我不经意想起了最近跟朋友间的对话。这三次对话发生在我同我的朋友和同事之间，虽然他们的经历各不相同，但是却足以令人印象深刻，我想他们的经历对大家来说具有很高的参考价值。

第一位是麦克•利文，这是一位像霍华德一样经验丰富、独具慧眼、精明智慧的老人。几十年来，麦克都是美国酒店及旅游业的主导力量之一，但就在我写下这些文字时，他获得了前所未有的尊重。通常在他那个年纪，人们早就退休回家颐养天年，可是麦克却接受了人生中最大的一项挑战。在71岁的高龄，他出任了拉斯维加斯金沙集团的总裁。这个集团曾经是历史上最辉煌的酒店赌场，可是在当时却面临破产，麦克上任就是为了保住这家企业。不到3年，麦克和他的团队（在企业创始人谢尔顿•阿戴尔森的支持下）造就了股份合资历史上“最为庞大也是最为迅速的反转神话”。麦克接手金沙集团后的这次壮举——毋庸置疑是他在酒店业打拼的50年里最为浓墨重彩的一笔。可是，当我问他认为生命中最重要的经历是什么时，他为金沙集团所做的壮举却不是他的首选。“用了25年时间终于功成名就，这可没什么可值得骄傲的。”一天下午，在他亚特兰大的家中书房里，他开玩笑说，“说起来，我人生中第一份伟业应该是成为戴斯连锁酒店的经理吧，那让我终于不用再过捉襟见肘地过日子了，如果我愿意还可以预付一个月的房租。”

“我很自豪地发现稳步发展才是适合我的方式，我在专业和个人能力上的直觉都是正确的。踏实工作给了我时间去真正理解我所在的这个行业的特点，也让我知道了怎样做一个高效的领导者。最重要的一点是，还能让我同时兼顾做一个好丈夫和好父亲。”

听到他这样说，你就能理解为什么在麦克心目中“成功”并不等同于拥有名声或金钱。在他眼中，成功取决于你为其他人带来了什么福利。“我希望我的精神遗产中有很大一部分是让我帮助的人们专业能力得到提高，”他解释说，“最让我引以为荣的是我所创立的两个自发性组织帮助了很多人。”其中一个是专为年纪偏大的工人在无法继续从事自己的职业或另谋出路时提供就业机会的项目；这个项目获得了光明基金会的重要奖项。另一个则是被他看作是自己重要成就之一的项目，即建立亚美酒店联盟。表面看起来，这不过是一个没什么特别之处的政府经营项目，但实际上却具有非常深远的影响力。“很多年来，酒店业对东亚和南亚移民的歧视根深蒂固，他们无法借助商业贷款开办酒店，很多酒店企业也不给他们经营的机会。”麦克回忆道，“在超过1个世纪的时间长河中，这对想要追寻美国梦的移民来说都是一道不可逾越的障碍。有了这个联盟，这些人终于可以越过横在他们面前的障碍，我为不计其数的移民企业家和他们的家人开辟了一条通往成功的小路。”

麦克对成功的含义做出了精妙的解读，而我与另外一个朋友——NBC体育频道的新任董事马克•拉扎勒斯聊到的更多的是他对失败的理解。作为一个拥有这样非凡身份的人，马克表现得十分谦逊和自然。让我对他印象最深的一点是，当问起他事业背后的故事时，他讲起的竟然是在刚上高中时的留级经历。

“刚上高中时我表现得非常差劲——完全就是青春期的不成熟表现，所以我转去了另一所学校并重读了1年。没想到，这段经历竟然成了影响我接下来30年人生的重要转折点。”他对我说，“这个问题我想过很多遍，要是我没留级，之后的生活肯定不会像现在这样有趣，事业也不会这样成功。大概在去年的时候，我突然意识到我所经历的那些失败和我所获得的成功之间是有着千丝万缕的联系的。”

在我们见面的前几年，马克遭遇了人生中的一次重大打击：在特纳娱乐集团当了6年总裁后（而他在特纳集团已经干了17年），他突然被解雇了，跟一群高管一起被扫地出门，其原因到目前为止仍不得而知。从乐观的角度想，也许正是因为这次卸任，才使得马克接到了来自更高层次企业的橄榄枝。

离开特纳集团后，马克到CSE工作了一段时间，这是一家针对亚特兰大市场的产品制造企业，直到迪克•埃伯索尔（NBC多年的标志性领导人物）重新招他回到NBC体育新闻有线公司。几个月后，正当马克坐在位于纽约上城的会议室参加一次合作会议时，他接到了来自迪克的老板——NBC环球公司CEO的电话。“他问我在哪儿，最快能什么时候回曼哈顿。”马克回忆道，“我问他怎么了——发生了什么事？他说，‘迪克退休了，就在今天，从现在开始你接手他的工作，马上给我回来。’”

那时他感觉就像是走进了飓风中心一样。前任（就是迪克•埃伯索尔）那样传奇性的成功历史给了他很大压力，而且马克在他刚接手这项工作的前8个月里就要负责威瑟斯广播网和NBC体育台的兼并项目谈判，这面临着取消6个主要体育频道，损失价值150亿美金的风险。不过排在这些之前的，还是最重要的奥运会转播任务——整个团队只有3个星期时间进行前期准备的重组，好在最后他们顺利完成了任务。回想起来，挑剔的评论家们可能会说马克不适合坐上这把交椅。而且不管怎么说，马克当时仍深受特纳集团的背叛对他在心理、性格和专业领域的打击——他依然觉得这是自己的失败之处。但他已经从这个转折点吸取了教训，也让他成为了现在的称职高层和领导者。

“我从特纳集团得到的教训就是千万别小看人际关系的重要性。”他说，“现在我更注重衡量人们的需要。我也不会忘了那些在关键时刻向我伸出援助之手的人——尤其是那些友善地支持帮助过我的人。而我也深感自己对公司员工的重要性，这种强烈的责任感督促我更好地完成自己的工作。”

第三个要讲的故事也是关于成败之间的有趣关系的，关于我的一个客户兼朋友，肯•奥斯汀。肯是一个完美、机智、有趣的家伙，他把一生都献给了他作为企业家的事业，还在上中学时他就做了自己的第一笔生意，成年后他经手的几笔生意都赫赫有名：2001年他帮助沃伦•巴菲特旗下的奈特杰飞机租赁公司完成了对侯爵喷气机的购置；2010年他又推出了全新的烈酒品牌——龙舌兰战斗机，这在洋酒业是热门的新项目之一。由此我想到了我和霍华德所谈到的话题，于是假装开玩笑地对他说：“你这个人从没经历过失败吧？”肯的回答与霍华德的观点异曲同工。

“我不接受失败。”他摇了摇头说，但他马上补充说，“我这样说不是因为自大。我像所有人一样都会有失败的时候，不成功的情况也时有发生，但我从没有一败涂地过。相反，我发现就算没有成功，我也能从中得到真实有价值的额外收获——知识、技巧，或是联系，这样我就能把它们利用起来去开拓其他方面的成功。”

“别忘了，我打小就在学着做生意。小时候，我买了几台吹雪机给邻居提供清理积雪的服务。这种经历日积月累，打造了我善于发现隐藏在坚实表面下潜在商机的眼睛。拿体育比赛来打比方，这些经历帮我在比赛刚开始时，可以有效地纵观全局，预测到最终比分。我从没经历过失败的一个重要原因就是我能在事情搞砸之前尽快脱身。”他解释道。

“听起来你不像是脱身，而是敢于承认自己决策失误。”我分析道，“然后自信地说：‘算了，我才不会在一条毫无收获的路上一直走到底。’很多人失败的原因就是他们只会一条路走到黑。”

“是啊，像你说的那样，我可以及时反应，避免失败。”

“这么说，你一点也不担心失败。”我总结道。

肯笑着做了个鬼脸，说：“其实我非常担心失败，尤其是龙舌兰战斗机那个项目，因为我肩负了太多人的希望。我感到我应该对那些为我工作的人、我的合作伙伴、我们的投资商负责。如果失败了，这些人一定会非常受打击。在这样的情形下，我害怕失败。不过这种恐惧不会把我吓倒。听起来很可笑，但这对我也是一种动力，是具有正面效果的，这种恐惧能激励我，让我更富有创意，赋予我能量，让我更客观地看待事物，让我能够及时发现问题改正问题，而不是被动地等待。”

* * *

给霍华德讲完这3段对话后，我总结道：“在谈话中我觉得最有趣的一点是，成功与失败对于他们来说是相辅相成的。换个说法就是如果他开始担心失败，这就是个好兆头，他会从中获益。”

“人们在谈到成功和失败时，都假设这两者对每个人来说都有一样的意义，但实际上不是这样的。”霍华德说，“成功与失败没有一个标准的评估尺度，主要原因是因为这个标准受到了我们对情况本身期望值的影响。在《失乐园》中，约翰•米尔顿写道：‘心灵自有归属，天堂与地狱只在一念之间。’他精准地表达了期望对我们自身成功与失败的影响力——还有对我们的生活。”

“除此之外，成功的定义也是建立在个人的实际情况上的，会受到我们周边所发生事物的影响。如果只能赚回2%的利润，你认为自己是不是成功的投资家呢？这取决于你投资的市场是大还是小。如果你在优秀班只拿了B，或在普通班拿了A，哪种情况对你来说更成功？在学习了1年之后你还是没能学会弹钢琴曲，原因是工作太忙，你每周只有1个小时的练习时间，但你却享受练习时的每一分钟，你会觉得这是失败吗？所以，条件很重要。

“参照物也非常重要。我认识一个人，他觉得自己很穷，因为他拥有的财富只是比尔·盖茨资产的1%。可这意味着他有百万资产！

“要界定成功与失败很难，它们就像是一枚硬币的正反面，没有另一方的参考，你很难做出判断。从理论上，你可以理想化地定义它们，但在生活中，证明成功离不开失败，而失败也免不了有成功的映衬。

“由于种种复杂因素，成功与失败对人们的作用方式截然不同，产生的影响也因人而异。这就是为什么虽然我明白成功与失败对我自己意味着什么，但我们还是不能下定论，成功和失败到底哪个是更好的成功助推力。对我而言，底线就是：不要束缚你自己，也不要随波逐流。”

“要用你自己的方式定义成与败。”他总结道。

看到霍华德所说的“自己的方式”，本书的读者应该都会感到熟悉吧？正是在这本书开头时所写到的：如果只符合别人对成功的定义，那就不叫成功；如果不是你一手造成的，那就不叫失败。成与败应该以你个人的精神遗产观来定义。从战术角度来看，对于成败的考量应该与你平衡各种关系的决定相关，与你决定如何投资个人时间、精力、感情等相关。这个指标应该包含着你如何看到自己的能力、热情、优势和你的追求与期望。你应当与你的“私人催化剂”们讨论你对成败的定义和衡量标准，这些人包括你的榜样、导师和私人顾问团队，他们的目标、人生路线和观点要跟你的一致，或者发挥补充作用。

值得一提的是，对霍华德来说，“以你自己的方式”定义成败，代表了你现在和将来的方向。你今天想做什么，明天和下周想做什么，都可以帮助你定义成败。随着你的生活的改变不断调整对成败的定义，这样你才能不断有更新更远的目标。随着你生活的各方面的价值重心的转移，重新校准成败的定义。

最后，他建议，为了更好地以自己的方式定义成败，最好问自己以下几个问题：

·要获得成功我应该对自己做什么投资，或者为了获得机会我要放弃些什么？换句话说，有必要费力去榨果汁吗？

·反之，如果我失败了，是不是我没有足够投入？是因为我预估失误，还是潜意识里我根本没有尽自己最大努力？

·最重要的是，如果我获得了成功，赚了大钱，获得了地位，为社会发展做出了贡献，学富五车，等等，我是不是就会感到心满意足？

＊ ＊ ＊

2011年8月，身患绝症的史蒂夫•乔布斯辞去了自己在苹果公司的职务，《波士顿环球时报》发表了一篇精彩的文章，标题就是《失败》，在篇首语写道："没有人比史蒂夫•乔布斯经历过更多失败……他经历了一次又一次失败，他的设计不够潮，他的产品不够引起轰动，他把公司带到了万劫不复之中。"乔布斯的职业生涯被摧毁了，《环球》写道："失败就像伴侣一样伴其左右，即便在成功时也是如此。"他的经历恰恰证明了失败乃成功之母这个道理：获得巨大成功的Macintosh电脑（带动了笔记本电脑的发展）前身是没有成功的lisa电脑；乔布斯的NeXT型电脑并没有受到市场的青睐，但今天大行其道的Mac软件系统正是取自NeXT的操作系统；还有没有多少人知道的ROKR手机/音乐播放系统，也被运用到了iPhone系统之中。

这些文章的意思与霍华德一直教给他的学生和家人的理念不谋而合。它教会那些企业家（或仅仅是经营自己工作的人们）一个道理：

失败会播下将来成功的种子，而成功也携带着失败的种子。

乔布斯的经历恰恰证明了前者，而霍华德和我所认识的一些人也正如后者所说的一样。这些人在生活中某一方面获得了成功，但成功却给其他方面播下了抑郁和失败的种子。造成这些种子生根发芽的因素很多。有些人低估了为了成功所要付出的代价——比如我的朋友詹，他成为了全国知名的慈善组织之一的总裁，随之而来的除了名望与高薪，还有高负荷的工作和时刻曝光在大众面前的巨大压力。

有些人则把成功当成是沙滩上的沙子，取之不尽，用之不竭，随意地让它们从指间溜走。从音乐人转行为商人的杰西•伊兹勒就有过这样的经历。现在，杰西是名著名跨行企业家：他是侯爵喷气机集团的创始人之一，在2011年推出了备受争议的成功产品：能量含片。值得一提的是，球星小皇帝勒布朗•詹姆斯还是他的合伙人之一，但是杰西最初却是一名说唱歌手，在大学时就展现了自己的音乐才华，录制了唱片。他当时用“杰西•詹姆斯”作为自己的艺名，发行的首张专辑获得了极大成功：主打单曲进入了美国公告牌前100大热门单曲，在2004年还参演了一部电影；他的音乐录影带也在MTV频道热播。但在这些成功之后，他的职业歌手道路也走到了尽头。“我一直都是靠直觉在做着这些事，从没想过设立什么目标，也从没想过下一步该做什么。”他坐在自己的办公室里，周围挂满了抱着能量含片盒子的勒布朗和阿玛尔•史杜达米亚的肖像。“当我出现在MTV台时，感觉就像是已经爬到了顶峰，我只要踏实坐着看风景就够了。但不幸的是，我还没坐多久，音乐圈就把我淘汰了。”当然，没过多久杰西就另起炉灶，再次为自己找回了成功的感觉。但是职业歌手的经历依然是他难以忘怀的一次教训，他用“失败使成功突然衰竭”来形容他的说唱歌手生涯。

在某一领域的成功也可能引发潜在的失败。“有时成功会让人变得盲目，无视了光环以外的危机。”霍华德说，“最普遍的一种情况就是商场得意，可与爱人和孩子的关系却出现了问题。”有时这种盲点是由人们自己造成的，但有时却是由他们身边想要“保护”他们、“支持”他们，或者“不想让他受到伤害”的人造成的。霍华德有一个这方面的经典案例，能说明这种现象是怎么拖垮整个行业的。“在上个世纪（20世纪）七八十年代，为了振兴产业，底特律的汽车公司老板们每天都把公车送进车场进行检修。”他说，“在老板们当晚开车回家之前，机械师想尽办法解决掉各种问题。结果造成这些企业的老板压根不知道他们的客户会面对什么样的车辆问题，从而流失了很多客源。”

不管你怎么定义成败，显著的成功和重大的失败都可以成为你的潜在经验。它们都各有各的转折点，都可能阻碍你达成你的精神遗产观，即便你完全没有意识到。成功也有自己的发展趋势，有时会引领你走向一个有悖于你初衷的方向上去。你得到一份新工作，而且是你十分擅长的领域，你被提拔，涨了工资，工作时间延长了，职位越高竞争也就越激烈，你只能付出更多努力来维持成功。有一天，当你醒来时发现成功把你变成了一个工作狂，你曾许诺要多陪陪家人，结果你却食言了，而且发现你对很多事的处理方法是你自己不能接受的。这些经验，都是卡特·卡斯特所经历过的：对成功的追求是要付出代价的，这成了自我摧毁，而不是人生追求。直到有一天他决定停下来，深呼吸，重新开始。

以类似的方式，成功可以把你从正常轨道领到一种被霍华德称为“裹足不前”的情况中。“如果你擅长做什么事，发现工作起来易如反掌，还能得到很好的报酬，即使你失去了兴趣你也还是会忍不住继续做下去。有一天你望向周围，发现这安乐的氛围让你看不到太阳，也呼吸不到新鲜空气，看起来美好的情形像泥潭一样牵绊住了你的手脚，你得费上九牛二虎之力才能从里面爬出来，但是很不幸，你被困住了。这种情况就像我第一次在哈佛商学院教书时遇到的那些同事一样，这也是很多职场中的人所担心的。就业市场如此惨淡，他们像抓救命稻草一样抓住现在的工作不放，虽然薪资让人满意，但工作却不能让人开心。”

更多情况下，我们会被失败击倒。一个主要但却不被人注意的原因就是我们找到了失败的原因，从中只获得了错误的教训。“如果对失败进行剖析，”霍华德有一次讲道，“失败分为3种：一种是受外力影响，对此我们的应对能力有限；另一种就是出于我们自身的原因，因此我们也更容易对付；第三种是道德方面的失败，这种失败经常被伪装成成功。应对失败的首要因素就是要搞清楚我们面对的是哪一种。”

“这需要我们客观、诚实、主动地承认自己的缺点。另一方面，如果我们真的无能为力，你需要拥有足够的自信说：‘这不是我的错，我没有办法，我不能因为这件事而改变我努力的方向。’”

我最近认识了一位高级保健公司的总裁，她叫梅根，最近一段时间被各种“内忧外患”折磨得近乎人格分裂。在经历了差不多20年稳定的成功——从知名大学毕业、进入华尔街工作、读研、在保健企业领域扮演了一系列重要的角色之后，她触到了暗礁。5年里，她相继被3份不同的工作解雇。在客观了解了她3次的遭遇后，我发现这完全就是“天不时地不利造成的人不和”：在第一份工作中，她的老板刚刚被解雇，整个部门处于重组阶段；第二份工作的公司刚刚被收购，正在经历裁员；第三份工作中，刚刚上任的老板觉得梅根能力过强而不想用她。挫败感和巨大的压力让梅根感到十分惊恐，“我觉得连续失败3次一定跟我个人的性格或能力有关系。”有一阵子她甚至考虑回到学校做一名保健师，直到她以前的一个同事看重她的能力，请她去做高层管理者，梅根的“失败之旅”这才告一段落。这个故事以喜剧收尾，因为梅根非常喜欢新公司的稳定工作，但她也算是饱受了心理上的煎熬。

在她痛苦反思的时候，霍华德也许会这样对梅根说：“你没有丧失你的能力，你只是想得太多。深呼吸，把脑中的杂念清除出去，不要再质疑自己的专业能力，你唯一没有做好的事就是没有对你的雇主进行正确的评估。”

＊　＊　＊

在很多情况下我都会想起霍华德的理论，关于成功的专制，失败的内涵，个人努力的重要性。我工作的地方在曼哈顿的中心地带，这里聚集了世界上最成功的一群人，同这些富足的人一起工作，也包括与我的客户交流，有时我的确会感到要保持状态真的压力非常大，不免也会把成败当成是心头的包袱。在这种环境中，情感和心理上很容易失衡。所以，我真的从霍华德的指导中受益匪浅，我也试着用他教授我的方法去定义成败。

拉尔夫•沃尔多•爱默生说过：“艰难困苦有其科学价值，聪明人绝不会错过这些学习机会。”我的一位好友，米歇尔•威尔森曼补充了一些不那么科学但同样具有价值的思想：“能吃苦，”她有一次跟我说，“才更懂甜。”因此，我决定做一个好的学徒，在我经历失败、遇到挫折时，要享受痛苦。我试图挖掘“失败”之下的隐藏内容，为我自己，为我的同事，为我的朋友。霍华德帮助我更深刻地理解了解构失败（同样也有成功的意义）能创造一种动力，提供给我，也就是霍华德说的内在推动力，让我成为更好的人。他教会我“在不断失败中勇往直前”是一种积极的行动，可以让我们的独特能力发展得更为平衡，从而获得成功。

我生命中的最重要一课，就是学会了利用成功与失败“稳步向前”。

嘉宾故事：梅琳达•洛佩兹

全世界是一个舞台，
所有的男男女女不过是一些演员，

他们都有下场的时候，也都有上场的时候，

一个人的一生中扮演着很多角色……

这段意味深长的话出自莎士比亚的戏剧《皆大欢喜》。的确，生活中的某些时候，我们的确感觉自己就像是舞台上的演员：我们按照别人设计好的套路行事，为着别人的目标努力拼搏，用别人的成败来定义自己的成败。

就算是剧作家也总觉得自己是在按着别人的脚本创作，用别人的成功标准要求自己。他们的这种感觉可能更直观，因为他们的人生事业总是要由别人来评判。在和我的剧作家朋友们聊天时，我从他们那里汲取了关于成功与失败的有趣观点，对我们这些不从事创造的人来说也很有用。

“对于剧作家来说，成功这个词既让人迷茫又富有挑战性。因为这其中存在太多变数了；从某种角度来说，成功对于艺术家既有好的一面，也有坏的一面。”梅琳达·洛佩兹说道。她是创作过许多知名戏剧的剧作家，她的作品包括《泽西的卡洛琳》、《盖瑞》以及登上过全美各大戏剧舞台的获奖佳作《索尼娅弗露》。

“首先，”她说，“一个好的剧作家必须心甘情愿放弃她对工作的所有掌控权。我们的剧本是献给导演、演员、舞美和服装师的，还要祈祷他们能尽最大努力表现得完美。最后，我们把这个剧本是否成功的决定权交到观众和剧评人手里。因此，一个剧作家在这个过程中要学会信任他人，不然你会发疯的。”

截至目前，梅琳达的事业还是广受好评的——她是获得肯尼迪中心颇负盛名的夏洛特·伍拉德奖的第一人，这个奖项是为奖励在美国戏剧界涌现的有希望的新人而设立的，她还是韦莱斯利大学、波士顿大学、哈佛大学、圣丹斯艺术中心和纽约剧院的客座教授。当然成功也是要付出代价的。

“成功是有两面性的。”梅琳达解释道，“在创作的过程中，我需要在谦虚和相信自己的点子是绝妙的之间保持平衡。在创造人物的时候，我既要让角色说出真正的心声，又要保证观众认可角色的表现。有时我会对成功感到焦虑，因为一旦获得成功，人就可能变得骄傲，另一方面我会担心，如果失败我的自信心就会受到打击。”

我想起田纳西·威廉斯的名句：“成与败都是一场灾难。”

“有时就是这样。我觉得我有一点长处是在动笔的时候我不会去想结局会是怎样。因此我不会从一开始就给自己套上成功的枷锁，我把写作本身就当成是一种成功——这样想的话，就可以避免让自己陷入担心失败焦虑症之中。”

随着声名鹊起，梅琳达要担心的不仅仅是成败问题，还有历史的平衡问题。她随父母逃离菲德尔·卡斯特罗的革命大潮来到美国避难，对她来说，她从未远离古巴人民的生活和文化。她最广为人知的作品《索尼娅弗露》讲述的就是由于古巴革命而流离失所的一家人的故事。现在她手头的作品《成为古巴》深入探讨了二十世纪初古巴作为独立的新生国家的自由之责任与挑战的问题。“可惜我无法亲自去保卫我的人民和文化。”她的声音里带着深深的痛楚，“我只能通过这种方式尽我的一份力。我曾经想过这样做也许是远远不够的，我没有成为一名外科医生回到祖国帮助我的人民或许就是一种失败。这是我心里永远无法愈合的伤痛。”

尽管事业上影响成败的因素各种各样，梅琳达仍然找到了一种更简单的适合她个人的发展模式。这是一种本能——既不会受到其他人的言行左右，也不会由于历史原因受到阻碍。“最终，我认为成功就是听从你身体和精神的召唤。你知道该如何利用自己的天赋，这是一种本能。这种成功就像是跑步时的愉悦感——我了解自己的感受并且知道如何将之转换为戏剧语言。当我对失败产生担忧时，这种愉悦感可以帮我熬过这个阶段。”

我告诉霍华德我与梅琳达的谈话，他点点头表示赞许，说：“我很高兴你能有机会和她面对面。她的经历和我的很相似——虽然我们来自不同的地方，职业和性格也不同。”

“不管你是剧作家、商人、护士，或者是系统分析员，成与败不仅仅与你相关，也是你与整个世界互动的结果。

“如何界定成败，要通过具体事例做具体分析。我们追求成功并付出努力的过程就像是在跳一场复杂的舞蹈，我们充满热情并拼尽全力。然后，依据我们的长远目标评估我们的努力成果。最后我们重新上路。

“还有，不管一个人的职业道路是怎样的，忠于自己的目标，保持自信，跟其他的因素一样重要。”霍华德总结道，“引用另一个著名作家马库斯·奥里利厄斯的一句话就是‘首先要内心强大，然后再探究事实、了解本质。’”

MY LAST CLASS AT HARVARD

第14章 生活的涟漪

不久前的一天晚上，我和珍妮弗坐在我们家里的沙发上。我们刚刚搬进这所房子，已经过去几周时间了，但房子里还是堆着几个还没拆封的箱子，我们两个谁都不想动弹。在忙碌了一天之后，我们两个仅存的精力也献给了我们的儿子：陪一个4岁的孩子满屋子玩捉人，这样他才会心满意足地去睡觉，还要把一个7个月大的儿子从卧室抱到厨房再返回去，好填饱他的小肚皮。

现在，筋疲力尽的父母终于能闲下来，享受一下安静放松的状态。珍妮弗读着一本小说的最后几页，我清理了一些电子邮件。“霍华德和弗雷迪向我们问好，”我告诉她，“他们希望下周能见到你。”斯蒂文森夫妇下周要来纽约待几天，我们计划共进晚餐，然后一起去百老汇看戏。

珍笑着点点头，过了一会儿，她合上书，奇怪地看着我问：“我一直想问你，为什么是《霍华德的礼物》（即本书外文原名*Howard's gift*）？”

“什么意思？你知道我写这本书的原因啊。”我说。

“不是，我知道你写书的原因。”她说，“我想知道你为什么要给这本书起名叫《霍华德的礼物》，你从来没说过原因。”

“噢。”我惭愧地意识到她是对的。我早就选好了题目，但这些日子以来我从没告诉过珍妮弗。“抱歉，我忘记告诉你了。”我无奈地摇摇头。这只是件小事，但我对自己感到很恼火，这件事触到了我的热键，让那些令我心烦意乱的事一股脑涌上我的心头：我这样投入时间和精力是正确的选择吗？我太太问我的这个问题是不是意味着我被工作、搬家还有写书搞得昏天黑地，以至于我最近都没有好好关心一下她？

后来我脑子里出现了一个微弱的声音："傻瓜，你难道还没从霍华德那里学到知识吗？"这个声音自动转换为霍华德的腔调："我们没法在每天每件事上都拿到'A'的成绩。别总纠结过去的事，要向前看。"我深吸一口气，把我的烦躁一扫而光，告诉了珍妮弗我给这本书起这个名字的原因：因为对我而言，《霍华德的礼物》包含了一系列馈赠和接受的礼物的故事。

首先，这本书是送给霍华德的：在2007年1月他突发心脏病倒下时，那个反应极快在第一时间取来除颤器的人赠予了霍华德一份生命的礼物。然后我便有了写这本书的想法，为了向霍华德表达爱与感谢。（当弗雷迪读过手稿后，她对我说："这对我们是非常珍贵的礼物，这本书可以让霍华德的孩子和孙子们更好地了解他。"这些让我感到我所付出的劳动都是值得的，即便我不知道除了斯蒂文森和赛诺威家的人以外，还有没有人会去买这本书。）另一方面，霍华德从他父母和亲人们那里遗传的思维方式也是上天赠予他的礼物：他的头脑、幽默、热情和爱心，他慧眼识珠的独特眼光，他的一针见血，还有他非凡的组织管理能力。

但是最重要的还是霍华德给予我们的礼物，我尽了最大努力用这本书表达的东西：智慧良言、独到见解和建立在多年经验基础上的实用的指引。把这些融合在一起，就构成了霍华德调制的催化剂。它们赋予我们灵感和力量。它们让我们意识到只有通过我们自身的努力，只有我们自己才能确定和完善我们的愿景，实现我们重塑自我、完成人生愿望的个人目标。

其实，按照霍华德的本意，我应该说他的礼物就是让我们意识到行动是远远不够的。这礼物激发了我们思考、行动、学习、重新行动的良性循环。因为，霍华德希望我们能够“平衡”自己每日的生活，他希望我们能不断进取，获得对生活的幸福感。

* * *

我不想在最后一章重复这本书里已经写过的内容。所以，我来分享一则霍华德的箴言作为总结：在追求你的人生目标时，不仅要预防水花，也要对涟漪有所准备。

这是什么意思？大家应该已经习惯了霍华德的讲话方式，只要把意思整理清楚，这句话就很好理解了。如果你往水池里丢一块石头，马上就会溅起水花；然后就会有一圈圈的涟漪缓慢不断地从中心往四周扩散，而且会持续一段时间。很多人在为工作作打算或是为生活的方方面面付出时间和精力时，总是会把重点放在眼前的利益上，这就是水花。霍华德的意思是要把眼光放远一点，要估计一下涟漪会有多大，会扩散到哪里。最重要的是，也要注意你身边的人们制造的涟漪和你的有没有交集。

“不仅要预防水花，也要对涟漪有所准备”的意思是要明白选择、行动和事物本身都会有短期和长期的影响。不过，两者之间并不分先后：水花所引起的直接影响，不管是积极的还是消极的，都非常巨大，以至于其长远的影响变得无足轻重，而在其他一些情况下，涟漪的影响却是相当强烈和持久的。霍华德说，最关键的是，要考虑周全，预估对你的职业和生活的影响时要主动一点。

但是霍华德关于涟漪/水花的建议指的不仅仅是时间先后上的，也有共存并互相影响的。这是在提醒我们除了确定我们个人的精神遗产观之外，还要注意多和生活中遇到的人们多接触，比如家人、同事、朋友还有形形色色的人。我们的水花和涟漪会交叉、重叠、交汇，形成我们生活的惊人的水系。

但由于人性的局限，我们只能依据自己的眼睛和需求来寻找我们想要的，那些复杂而交互影响的形式很容易被我们忽视。“困难，挑战和困苦只是一时的，最终都会成为值得拥有的生活中的一段小插曲。”这是霍华德的信念。

* * *

初夏的一天晚上，我又来到马萨诸塞州海岸斯蒂文森的宅邸做客，霍华德和我到海边散步。我们都喜欢大海，喜欢夕阳照耀海面的美景，喜欢看着潮起潮落，喜欢看远处帆船漂在水面上，喜欢海鸥自由地飞翔。

几周前，霍华德辞去了哈佛大学的教职工作。但是，他把接下来几天行程已定的项目和会议告诉了我，很明显虽然他退休了，但并未停止追求更高境界的脚步：他刚刚完成了一本书的集资，接下来就要安排出版和发行的相关事宜；领导一个大学学科和九位数的工程项目的谈判工作；审核哈佛出版社的出版计划，他仍是那里的董事长；和几个以前的学生聊聊他们那声名鹊起的公司所制订的战略计划；验收他在新罕布什尔州重新装修过的家；还有其他一堆我已经记不清的事务。

一方面，这日程对一个已经退休的人来说排得真是相当满。另一方面，说明他现在的身体和精神状态相当好。别忘了4年半前，他和死神擦肩而过。当然，还有第三个方面（经济学家都喜欢这么说），他对自己想成为什么样的人一清二楚，因为他的所作所为正如他的座右铭一样，“向前看。”

“看来，”我们独处的时候，我说，“退休的水花并没有激起你生活中太大的涟漪。”

他想了想，回答说：“还不是时候。对我来说，涟漪在经过一段时间后才会展现自己的大笑。”他停下脚步，看着夕阳的余晖洒满水面，他看起来就像尤达大师，“过不了多久哈佛商学院和美国公共广播电台的人就会说：‘霍华德•斯蒂文森？好像有点儿耳熟。那人是不是做过……’”

换了这么评价别人，我也许真这么想了，但这说的是霍华德。我脱口而出："得了吧，你以为哈佛人会这么轻易就忘记了这个为他们做出巨大贡献的人吗？你在那里工作了40年，教过上千名学生，你的名字就是金字招牌啊。"

霍华德大笑起来，他把手搭在我肩膀上，和蔼地说："谢谢你维护我的名声，艾瑞克，你就像我的贴身卫士一样。听我说，我的意思不是说他们会逐渐淡忘斯蒂文森这个名字，但他们最后只会记得我是一个教书匠，而不是他们在遇到困难时倾诉的对象。不过没有关系，因为我会向前看，为自己创造新的涟漪。"

* * *

在这本书即将出版之前，这段对话又浮现在我的脑海里。重新回味过之后，我知道了该用什么样的警句做为收尾。这个词包含了层层教训、层层含义，涵括了所有我从霍华德那里学到的知识。现在我请你仔细思考，认真分析，知其所用：

活在涟漪中。

致谢

《霍华德的礼物》这本书受益于与众多优秀的智慧之士的对话，包括最终版本中出现的以及为这本书提供灵感的所有人。感谢以下人士给予我们的鼓励、赞扬和贡献：梅根•亚当斯、安德烈亚斯•贝鲁斯索斯、马克•伯萨、艾瑞克•布林克尔、罗克姗妮•卡森、科林•考伊、杰夫•狄思金、大卫•埃尔伍德、蕾娜•冯塞卡、扬•弗雷塔格、亚伦•弗斯特曼、盖瑞•盖尔伯格、罗伯•戈德斯坦、亨利•凯斯纳、凯西•麦卡尼、乔什•马赫特、乔什•梅洛、迈克尔•奥马哈尼、伊琳•帕普利亚斯、凯文•帕克、斯蒂夫•瑞夫伯格、扬•里弗金、阿瑟•洛克、亨利•罗索夫斯基、亚当•桑多、汤姆•夏皮罗、安迪•谢尔顿、普雷斯科特•斯图尔特、邦妮•萨布拉曼尼亚、艾伦•苏利文、伯尼•斯坦伯格、扬•斯文森、安德鲁•蒂施、大卫•万、麦克•沃格兹和奥黛丽•王。

还要感谢在百忙之中抽出时间为我们讲述他们个人经历的人——无论是好是坏，快乐还是痛苦，依排版次序如下：温迪•科普、阿文德•拉昆纳扎、洛丽•斯格尔、索莱达•奥布赖恩、卡特•卡斯特、杰夫•利奥波德、鲍勃•皮特曼、南希•布林克尔、雷切尔•雅各布森、卡尔•班克斯、埃米莉•亨特、明迪•格罗斯曼和梅琳达•洛佩兹。还有汤姆•埃森曼、克里斯蒂安•亨普尔、杰西•

伊兹勒、麦克•利文、马克•拉扎勒斯和肯•奥斯汀。

我们还想衷心地感谢乔•泰斯托雷，你为我们考虑得如此周全，办事如此仔细，我们却只能称呼你为我们的图书经纪人。从动笔那天起，你就坚信这个项目的成功。你一直是我们之中工作最为辛苦的一位，同时你也是我们的朋友和领路人。

我们诚挚感谢圣马丁出版社的团队为我们这项工作如此尽心尽力，谢谢杰夫•多茨、劳拉•克拉克、斯蒂芬•李、马特•巴尔达奇、约翰•墨菲、丽萨•森兹，还有我们的编辑乔治•惠特，你是为《霍华德的礼物》这本书贡献智慧和热忱的领头人。

还要感谢许许多多奉献着自己的爱、热忱以及支持的人们，我们因为在生活中遇到你们才使得这本书有面世的机会。

来自艾瑞克：

6年前当我动笔开始写这本书时，霍华德刚刚经历了心脏骤停的危险，起初我只是想将这位伟大的差点离我而去的朋友的智慧之言记录下来，与大家共享，但在我写这些文字时——这可能是我在此书出版前最后可以写下的文字了——我发现这本书所表达的不仅仅是我与霍华德之间的深厚友谊，不仅仅是在那个寒冷的冬日清晨我与霍华德第一次见面的故事，更多的是在我追寻毕生事业时所遇到的领路人、榜样、朋友、家人赋予我的意义。

我觉得我之所以拥有敏锐的眼光，还是要感谢那些引导我前进的领路人。包括我的祖父丹尼尔•戴维斯，他有力、诚恳、幽默和善良的性格成就了我们的家庭，我的儿子也是以他的名字命名的：唐•费拉拉和丹尼•波塔纳，没有你们我就不会去康奈尔读书；还有我在康奈尔酒店学校的大家庭，尤其是唐•毕晓普、扬•德鲁斯、切齐•塔戴夫、大卫•迪特曼、凯西•恩茨、尼尔•盖勒、蒂姆•希金、乔赛普•佩佐蒂、迈克尔•雷德林、克雷格•斯诺、布鲁斯•

崔西，还有其他所有不管是现在还是过去都属于这个大集体中一员的每个人；哈佛肯尼迪学院的邦妮•瑞丝以回馈社会的方式给予了我很大灵感；劳伦斯•格罗夫曼是我和珍妮弗的领路人；波士顿的萨瑞娜•斯坦门斯待我如家人一般；拉瑞•戴维斯，谢谢你在我需要的时候给予我那么多的关心；杰夫•阿尔特曼、菲尔•鲍、莱尼•鲁斯提格、阿尔•皮兹卡、乔治和卡琳西文曼夫妇，你们在我遇到困难时与我共患难，并且还把我从绝望中拉了上来；托德•瓦格纳，你教会了我太多，还让我获得了更多东西；感谢麦克•利文，一个高尚的榜样和朋友，几十年来我从你这里学到了很多商业和生活的道理；还有霍莉•泰勒•萨尔让，是你为我带来哈佛发展部办公室的可贵机遇，并且在我毕业时将我介绍给霍华德•斯蒂文森。

我还要感谢柯克•波斯曼特，我非常珍惜我们之间的深厚友谊和感情，你在商业上的智慧令我折服；感谢麦克•瓦尔格兹，你的洞察力如此之深，经验如此之广，我们的友情如此深厚；还有所有在艾克塞斯这个大家庭中的各位，无论你依旧在这里还是已然离开，谢谢你为这本书付出的努力，无论是分享的个人经验还是思想：阿曼达•阿姆斯特朗、安德鲁•布莱克、安迪•克洛斯、凯特琳•德兰妮、阿曼达•希利、布莱恩•霍尔柯布、布莱恩•约翰逊、斯科特•迈卡勒斯、布莱特•穆尼、伊兰•珀林、莫莉•马尔基利西弗、唐娜•西蒙内利、安德鲁•泰勒和泰勒•杨克。在这里要特别感谢杰克琳•塔里卡和托马斯•巴尔吉尔丹，感谢你们从早到晚都保持着充沛的精神，还有亚利桑德拉•巴斯蒂安，你的热情和贡献拥有特殊的魔力让我能保持幽默和出色的状态。

在写作《霍华德的礼物》这本书期间，我经历了我人生的重大转折点之一：我与珍妮弗共同在莫里斯镇医院度过的惊魂61天，最终迎来了我们的迈克尔的降生，在那期间我们所承受的一切都是值得的。我们得到了拉塞尔•霍夫曼医生非常专业的第一手帮助和其他医院出色的医护人员对我们的悉心照顾，包括罗珊妮、奥尔加、雪莉和宝莱特，还有妇产科和新生儿科所有在我们不知所措的时候为我们家人付出热情和给予我们关怀和照料的人们。还要感谢我们亲爱的朋友米歇尔•威尔森、阿尔伯特和梅根•皮兹卡夫妇、乔治和卡琳西文曼夫妇、菲尔和贝基•鲍夫妇、克里斯蒂安、摩根、布鲁克•汉贝尔一家、约翰和珍普•瑞尔夫妇、雅尼•肖恩和珍妮弗的妹妹米歇尔•梅尔医生在这段时期给予我们的关怀。

我非常感谢我的两个儿子丹尼尔和迈克尔，从你们这里我学会了给予无私无尽的爱的方式；感谢我生命中的3位母亲：我的妻子珍妮弗，在那难熬的61天中你创造了奇迹，还有自从高中时我们第一次见面我就深深地爱上了你；还有我的岳母帕特•梅尔，你在生活中是一个真正的强者；我的母亲麦德林•赛诺威，没有你的付出我不可能拥有今天的成功。谢谢你们，赛诺威和梅尔家族的亲朋好友，你们为珍妮弗、丹尼尔、迈克尔和我付出的爱与关怀让我感激不尽。

在最后的最后，感谢梅里尔•麦道，你像帝王一样慷慨，出于怜悯同情之心为我能完成这本书而贡献了你非凡的写作本领。你是我的领路人、榜样，还是我“私人顾问团队”的成员之一。感谢上帝，在完成这本书的过程中我选择了你作为合作伙伴，而且在生活中我们还是要好的朋友。

来自梅里尔：

创作这本书给了我一个机会，去重新看待那些曾在我遇到生活和事业上的转折点时发挥了非凡力量的人们。感谢你们：亚当•弗雷德曼、米歇尔•哥伦伯格、巴瑞克•雷默、罗瑞•斯格尔和罗宾•汉米尔、罗伯特•特提尔、蕾娜•克里和小阿斯特雷• E.克雷森、乔佛里•M.科汉和黛博拉•玛吉•科汉、玛格•沃尔什、欧文•埃德蒙斯顿、鲁斯•拉弗瑞和帕特里西亚•鲍德里奇、迈克尔•奥马哈尼、杰弗瑞•霍克和布鲁斯•弗林、乔安娜•巴库尔、萨拉•布拉斯特雷特、乔佛里•莫维斯和丽萨•斯沃斯、萨尔•琼斯、盖瑞和莫莉•加伯格夫妇、汤姆•格里夫斯和简•特鲁德。

感谢哈佛大学的各位朋友和同事对我的支持与鼓励，尤其是我的同仁和作家尼尔•安吉斯、贾斯丁•科尔、克里斯丁•弗罗斯特、亨利•肯斯纳、乔•拉波索和弗兰克•怀特，及由塔玛拉•罗杰斯、鲍勃•卡希昂和玛丽贝丝•佩尔伯格领衔的UDO整个团队。

我还要感谢我的亲友们：夏洛特•魏斯、乔丹、伊娃•乔波、鲍比、罗娜•帕克和梅•H.卡克斯坦。4位不能当面接受我致谢的亲人：大卫•卡尔克斯坦、埃斯特拉•麦道、拉斐尔和朱恩•麦道。还有麦道家、布兰登伯格家和敏兹家的新成员们：克雷格、盖尔、埃利奥特、斯蒂芬妮、温迪、迈克尔、贾基，还有表兄弟和表姐妹们，感谢你们的支持。

我向我聪慧、幽默、美丽的太太谢莉尔表示最深的谢意，还有我的孩子加比和佐伊，你们是我每天的骄傲，有你们在一切都不算什么。我把这本书献给你们。